はじめての
脱臭技術

川瀬義矩
Kawase Yoshinori

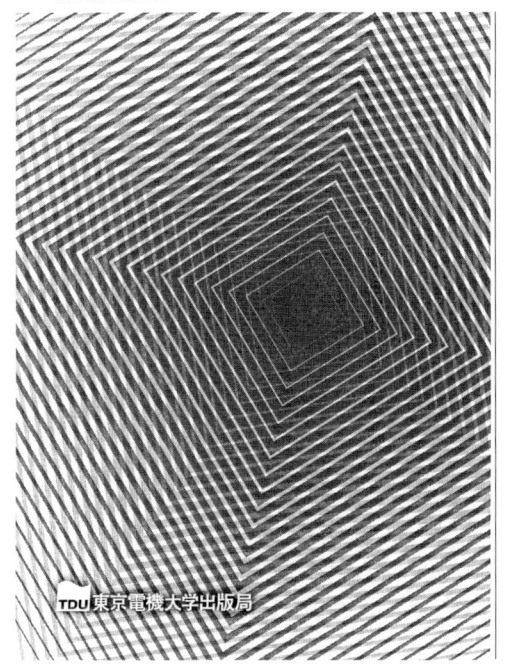

TDU 東京電機大学出版局

はじめに

　人間はにおいに敏感である。悪臭は，不快を感じるだけではなく，健康問題まで引き起こすことがある。悪臭を出さないですめばベストであり，脱臭の前に悪臭を出さないようにするのが第一歩である。ただ，生産活動や日常活動において，臭いの原因物質がどうしても生成してしまう場合もある。その場合は，排出される臭気物質を除去あるいは分解して悪臭を軽減しなければならない。臭いはいくつかの臭気物質が複合したもので，その脱臭処理は容易ではない。いろいろな技術が使われているが，それぞれ得意不得意があり，一つの処理方法だけでは十分な脱臭ができない場合が多い。そのときは，いくつかの脱臭方法をハイブリッドに適用することになる。状況に最適の脱臭技術を選定するのは難しい。

　本書の構成は以下のように5つの章から成っている。
第1章　におい原因物質の化学的性質についての基礎
　　　　臭気物質を除去あるいは分解するには，その物質の物理化学的性質を知ることが必要である。
第2章　脱臭処理をする際に必要な法規制の概要
　　　　脱臭処理の目標値の設定は，法律が基準となるのでそれを知ることが必要である。
第3章　現在おもに使われている脱臭技術
　　　　脱臭法の適切な選定には，どのような原理が使われて脱臭されているのかを理解することが必要である。
第4章　最新の脱臭技術
　　　　「環境に優しい」をキーワードとして，すでに使われはじめている脱臭技術もあるが，その原理がまだよくわかっていない部分も多いこと

を知ることが必要である。

第5章 脱臭技術の選定方法
　脱臭効率が高く，省エネでグリーンな最適の脱臭技術の選定には，選定の手順および基準となる項目を知ることが必要である。

　なお，本書では，脱臭技術の解説に絞り，臭いの測定法についてはほとんど触れていない。臭いの測定法については，その分野の本を参照していただきたい。

　わかりやすく，かつ最新の情報を引用するよう努力しました。是非多くの方の仕事および勉強に本書が役立つことを願っております。
　本書を書く機会をくださった(株)工業調査会編集部の一色和明氏ならびに大変御世話になりました書籍編集部の辻亜弥子氏に深く感謝致します。

2009 年 11 月
川瀬　義矩

追　記

　本書は 2009 年の初版発行以来，(株)工業調査会から刊行され，幸いにも長きにわたって多くの読者から愛用されてきました。このたび東京電機大学出版局から新たに刊行されることとなりました。本書が今後とも，読者の役に立つことを願っています。

2011 年 4 月
川瀬　義矩

CONTENTS

はじめに

●あなたの探している脱臭技術はこれだ
　　―この本の利用方法―　　7
●脱臭技術と適用業種例　　8

第1章　においの種類と化学構造
1.1　においの種類 ———————————————————— 10
1.2　においの感覚 ———————————————————— 10
1.3　においの要素 ———————————————————— 13
1.4　においの強度 ———————————————————— 14
1.5　臭いの発生源とおもな成分 ——————————————— 17

第2章　悪臭防止法
2.1　特定悪臭物質 ———————————————————— 22
2.2　悪臭物質の規制 ——————————————————— 22

第3章　脱臭技術
3.1　**脱臭技術の分類** ——————————————————— 32
3.1.1　脱臭技術の分類と概要
3.1.2　脱臭技術の実績―広く適用されている脱臭技術―
3.2　**燃焼による脱臭** ——————————————————— 37
3.2.1　燃焼脱臭法の分類―臭気物質を燃やして分解する―

3.2.2　燃焼脱臭の反応━完全燃焼を目指して━
　3.2.3　直接燃焼法━熱効率が課題━
　3.2.4　蓄熱式燃焼法━熱効率を改良━
　3.2.5　触媒燃焼法━より高い効率を求めて━
3.3　吸収による脱臭 ───────────────── 54
　3.3.1　吸収脱臭法の分類━臭気成分を液に溶解させて除去する━
　3.3.2　ガス吸収のメカニズム━気体の溶解：ヘンリーの法則━
　3.3.3　化学吸収（薬液洗浄）━液相での化学反応が溶解速度を速くする━
　3.3.4　ガス吸収装置━気液接触面積を大きくする━
3.4　吸着による脱臭 ───────────────── 69
　3.4.1　吸着脱臭法━臭気物質を細孔内に捕集する━
　3.4.2　吸着剤━物理吸着と化学吸着━
　3.4.3　吸着の原理と吸着平衡━吸着剤の必要量を求める━
　3.4.4　多孔質吸着剤への吸着過程━吸着速度を求める━
　3.4.5　吸着破過曲線と吸着帯━吸着／再生のサイクル時間を求める━
　3.4.6　吸着装置━ハニカムローター吸着装置━
　3.4.7　再生操作━温度スイングと圧力スイング━
　3.4.8　化学吸着法━添着活性炭━
　3.4.9　イオン交換ケミカルフィルター
3.5　凝縮による脱臭 ───────────────── 88
　3.5.1　凝縮脱臭法━臭気成分を凝縮させる━
　3.5.2　凝縮装置━基本は熱交換器━
3.6　生物による脱臭 ───────────────── 92
　3.6.1　生物脱臭法の概要━臭気物質は微生物の食料━
　3.6.2　生物脱臭法の分類━微生物の生育環境（微生物の状態と水分供給）━
　3.6.3　バイオフィルター
　3.6.4　バイオトリックリングベッド
　3.6.5　バイオスクラバー
　3.6.6　活性汚泥曝気法

3.6.7　回転円板バイオリアクター
　　3.6.8　生物脱臭法の性能評価―脱臭容量と脱臭効率―
　3.7　消臭・脱臭剤による脱臭 ──────────────── 111
　　3.7.1　消臭・脱臭剤法の分類―マスキングと中和―
　　3.7.2　使用方法―噴霧して臭気レベルを下げる―

第4章　脱臭技術の今後

　4.1　進化する脱臭技術 ──────────────── 118
　　4.1.1　促進酸化法（AOP）―ヒドロキシラジカルを生成させる―
　　4.1.2　膜分離―気体透過膜―
　4.2　光触媒による脱臭 ──────────────── 119
　　4.2.1　酸化チタン光触媒―太陽光の利用を目指して―
　　4.2.2　フェントン反応とフォトフェントン反応
　　　　　―鉄光触媒による反応吸収―
　　4.2.3　エレクトロフェントン反応―過酸化水素を生成しながら脱臭―
　4.3　オゾンによる脱臭 ──────────────── 126
　　4.3.1　オゾン脱臭法のメカニズム―直接酸化とOHラジカル―
　　4.3.2　オゾン生成法―無声放電―
　　4.3.3　排オゾン処理―オゾンの後始末―
　　4.3.4　湿式オゾン脱臭―オゾンと臭気成分の両方を水に溶解させて分解する―
　4.4　プラズマによる脱臭 ──────────────── 131
　　4.4.1　活性分子などで脱臭―活性分子で高効率―
　　4.4.2　プラズマ状態―コールドプラズマ法―
　　4.4.3　プラズマ脱臭法の原理―ラジカル・活性分子―
　　4.4.4　プラズマ発生法―放電で低温プラズマを発生させる―
　4.5　膜および膜バイオリアクターによる脱臭 ────────── 135
　　4.5.1　膜分離による脱臭―孔のない緻密膜で分離―
　　4.5.2　膜分離の原理―溶解・拡散説―
　　4.5.3　膜リアクター―モジュールでコンパクト化―

  4.5.4 膜バイオリアクターによる脱臭―膜分離と生物脱臭のハイブリッド―

第5章　脱臭技術の選定

5.1　脱臭技術の選定手順 ──────────────── 144
5.2　脱臭技術の適用性 ───────────────── 144

  5.2.1 臭気成分に適合した脱臭技術―臭気成分の特性を知る―
  5.2.2 臭気物質と脱臭技術の適合性―臭気成分は脱臭技術を選ぶ―
  5.2.3 脱臭技術の適用範囲―操作条件と脱臭技術―
  5.2.4 複合臭気の処理―ハイブリッド方式―
  5.2.5 脱臭技術の環境負荷―環境に優しい脱臭技術―
  5.2.6 脱臭技術のコスト―最適な脱臭技術―

*

さくいん

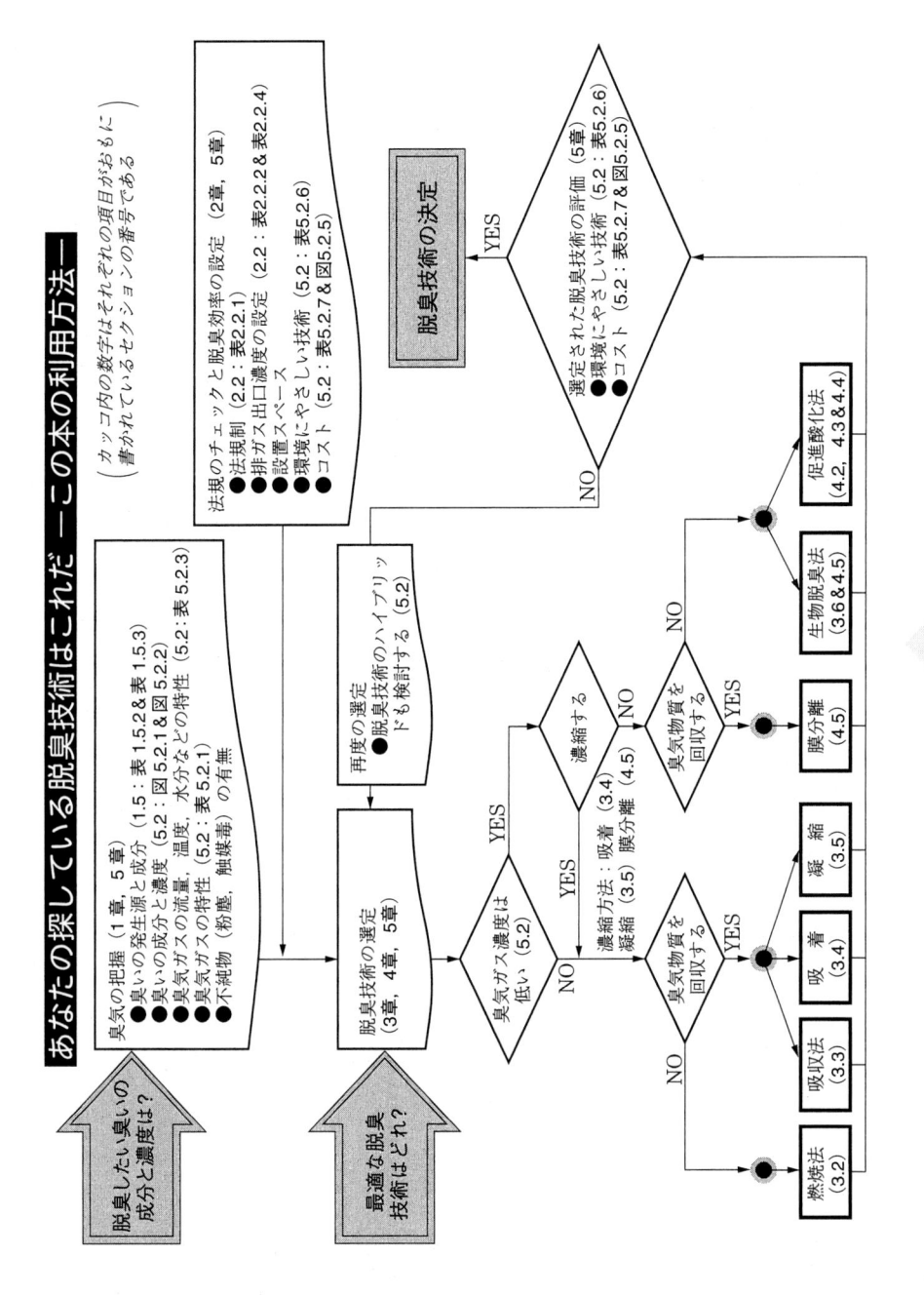

あなたの探している脱臭技術はこれだ —この本の利用方法—

(カッコ内の数字はそれぞれの項目がおもに書かれているセクションの番号である)

脱臭したい臭いの成分と濃度は？

臭気の把握 (1章、5章)
- 臭いの発生源と成分 (1.5：表1.5.2 & 表1.5.3)
- 臭気の成分と濃度 (5.2：図5.2.1 & 図5.2.2)
- 臭気ガスの流量、温度、水分などの特性 (5.2：表5.2.1)
- 不純物 (粉塵、触媒毒) の有無

最適な脱臭技術はどれ？

脱臭技術の選定 (3章、4章、5章)

法規のチェックと脱臭効率の設定 (2章、5章)
- 法規制 (2.2：表2.2.1)
- 排ガス出口濃度の設定 (2.2：表2.2.2 & 表2.2.4)
- 設置スペース
- 環境にやさしい技術 (5.2：表5.2.6)
- コスト (5.2：表5.2.7 & 図5.2.5)

再度の選定
- 脱臭技術のハイブリッド も検討する (5.2)

臭気ガス濃度は低い (5.2)
- NO → 臭気物質を回収する
  - YES → 吸収法 (3.3) / 吸着 (3.4) / 凝縮 (3.5)
  - NO → 燃焼法 (3.2)
- YES → 濃縮方法：吸着 (3.4)、膜分離 (4.5)、凝縮 (3.5)
  - 濃縮する
    - YES → 臭気物質を回収する
      - YES → 膜分離 (4.5)
      - NO → 生物脱臭法 (3.6 & 4.5) / 促進酸化法 (4.2、4.3 & 4.4)
    - NO →

選定された脱臭技術の評価 (5章)
- 環境にやさしい技術 (5.2：表5.2.6)
- コスト (5.2：表5.2.7 & 図5.2.5)

YES → **脱臭技術の決定**

NO →

脱臭技術と適用業種例

脱臭法		おもな適応業種（例）
燃焼法	直接燃焼法	化製場、塗装、印刷、パルプなどで臭気指数の高いケース
	蓄熱式燃焼法	塗装、印刷、化学工場、ラミネートなどで臭気指数中程度のケース
	触媒式燃焼法	印刷、塗料、インキ製造、医薬、食品加工など
洗浄法	水洗浄（前処理や温湿度調整）	（洗浄法全般の適用業種）下水処理場、し尿処理場、ごみ処理場、食品製造業、化学工場、畜産農業、と畜場、ビルピットなど
	酸・アルカリ	「酸」と「アルカリ」は、組み合わせて「酸化剤」と使用する例が多い
	酸化剤	
吸着法	固定床回収装置	塗装、印刷、接着、塗料、インキ、テープ製造、クリーニング業など
	流動式回収装置	固定床方式と同じ。流量が多いほど、溶剤濃度が低いほど有効
	ハニカム式濃縮装置	塗装、各種印刷、接着、テープ工業、FRP加工、ドライクリーニングなど
	交換式吸着装置	下水処理場、ごみ処理場、し尿処理場、食品加工、調理食品、ペットショップ、ゴム工場、プラスチック製造など
生物脱臭法	土壌脱臭法	下水処理場、し尿処理場、ごみ処理場、堆肥、化製場、浄化槽など
	充填塔式脱臭法	下水処理場、し尿処理場、ごみ処理場、農村集落排水処理場、畜産農業、浄化槽、化学工場など
	スクラバー式脱臭装置	塗装工場、鋳造工場、有機肥料製造施設（堆肥化施設を含む）、ペットショップ、動物飼育等
	活性汚泥脱曝気法	し尿処理場、下水処理場、化学工場など活性汚泥処理装置があり、悪臭流量より小さい場合に有効
オゾン脱臭法		下水処理場、農村集落排水処理施設、し尿処理場など
プラズマ脱臭法		食品製造業、下水処理場、ごみ処理場、コンポスト施設、ごみピット、アミノ酸製造工場など
光触媒脱臭法		空気洗浄機、防臭効果付きの製品（タイル、シート）など
消臭・脱臭剤法	噴霧法	畜産農業、ごみ処理場、食品製造業、下水処理場
	中和法	印刷工場、食品加工工場、下水処理場、ペットショップ、ビルピット、汚物室など
	散布法	ごみ処理場、廃棄物処理場、汚泥、汚物処理場、堆肥など

第1章
においの種類と化学構造

本章では，におい原因物質の化学的性質についての基礎を解説する。
臭気物質を除去あるいは分解するには，その物質の物理化学的性質を知る必要がある。

「不快な臭い」を脱臭するには，悪臭のおもな成分を特定し，その物質の除去に適した脱臭技術を用いる必要がある。悪臭は数種類のにおい成分が複合し，その発生メカニズムもよくわからない場合が多く，脱臭は容易ではない。それぞれの悪臭を処理するためには，まず「におい」成分について基礎的なことは知っておく必要がある。臭い原因物質の化学構造，物性などの特性を知ることにより，適用する脱臭技術を選ぶことが可能になる。

1.1 においの種類—においを知る—

我々はにおいの種類によって漢字を使い分ける。一般的には，不快な悪いにおいには「臭い」，快適な良いにおいには「匂い」を使う。よいにおいには「香り」という言葉を使うこともある。いかに人間がにおいに対して敏感であり関心を持っているかがわかる。図1.1.1に大まかな日常生活におけるにおいの例を示した。最近は，日常生活におけるにおいについても特に関心が高く，数多くの消臭剤や芳香剤そして家庭用空気清浄機が販売されている。

においの種類は多く，その分類の仕方も定まっていないのが現状である。漢字をいろいろ使い分けるほど繊細な感覚である嗅覚を刺激するにおいの発生メカニズムも，まだ完全に解明されていない。

1.2 においの感覚—においを感じるメカニズムとにおい物質の特性—

においの感覚をもたらすものは，鼻のなかに吸い込まれるにおい分子である。においは味と同様に化学的感覚の一つで，においを感ずる場所は嗅上皮という粘膜組織で，鼻腔に面して多数の嗅細胞が存在する。この嗅細胞が刺激されるとその信号が脳に伝えられて，においの感覚（嗅覚）が起こる（図1.2.1）。嗅細胞を刺激するものは，ある物質から拡散した揮発性の気体や微粒子で，これが空気とともに鼻腔内に入り，嗅上皮表面の粘液中に溶け込んで嗅細胞を刺激する。このように，においはまず嗅細胞面へのにおい分子の吸着と化学反応

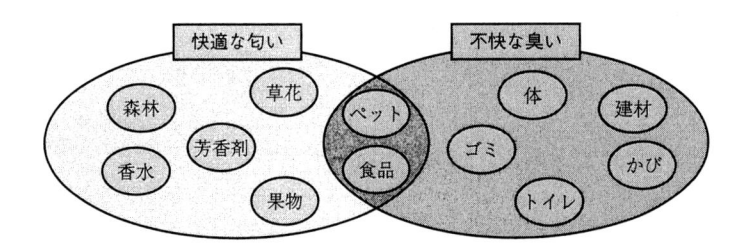

(a) 快適な匂いと不快な臭い

(b) においの種類

においの種類	においの発生源とおもな成分
花香	桜（β-フェニルエチルアルコール），スイセン（リナロール），ジャスミン（酢酸ベンジル），キンモクセイ（β-イオノン），キク（ボルネオール）など
果実香	メロン（cis-6-ノネナール），オレンジ（d-リモネン），リンゴ（ヘキサノール），ライム（ターピネオール），レモン（シトラール），カシス（4-メトキシ-2-メチルブタン-2-チオール）など
野菜香	キャベツ（ヘキサナール），ニンニク（ジアリルトリスルフィド），ホウレンソウ（トランス-2-ヘキセナール），ニンジン（ミルセン），サンショウ（シトロネラール），マツタケ（1-オクテン-3-オール）など
体臭	足（イソバレイル酸），腋（ノネナール）など
腐敗臭	肉（アセトアルデヒド），魚（トリメチルアミン），卵（硫化水素），たまねぎ（メチルメルカプタン）など
かび臭	カビ（ジェオスミン）など

図 1.1.1　日常生活におけるにおい

が刺激を起こさせることが必要である。そのため，一般的に，においの強い物質の分子内には，水溶性，脂質溶性かつ揮発性を示す部分が存在する。水酸基，エステル基，ケトン基，フェニール基，ニトロ基などで，これらはにおい原子団もしくは発香団と呼ばれる。また，炭素連鎖中の不飽和結合や分枝も助香効果をもつと言われている。

においの原因物質として一般的に言われていることをまとめると**表 1.2.1**のようになる。水に溶けやすい物質ほど高濃度で，そして疎水性の高い物質ほど低濃度でにおいを呈するので，におい物質が疎水結合でにおいの受容部位に結合すると考えられる。また，脂質への溶解度とにおいの閾値に相関関係がある

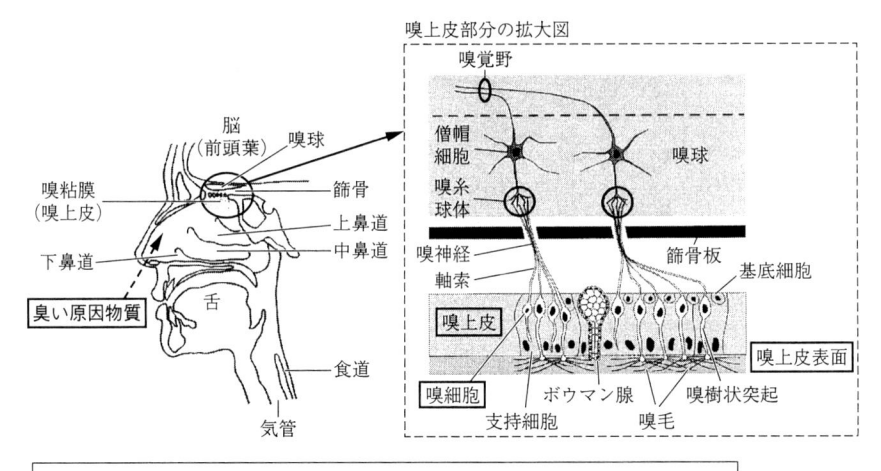

においを感ずる場所は嗅上皮という粘膜組織で，鼻腔に面して多数の嗅細胞が存在している。この嗅細胞が刺激されると，その信号が脳に伝えられて，においの感覚である嗅覚が起こる

(渡辺洋三，「香りの小百科」，工業調査会 (1996))

図1.2.1　人間がにおいを感じるメカニズム

表1.2.1　においの原因物質の持っている特性

特　性	解　説
分子の大きさ	・最も分子量が小さいのがアンモニア（NH_3 分子量17）で，最も分子量が大きいのがムスクキシロール（$C_{12}H_{15}N_3O_6$ 分子量297）である
溶解性	・におい物質は油溶性のものが多いが，分子内に親水性の部分を持ち，水にもある程度溶解するいわゆる両親媒性を持つ ・鼻の粘膜から嗅細胞にある受容器に到達し，脂肪層に入り込むので，水および脂質の両方に溶解性を持つ必要がある。しかし，水に溶けやすいからにおいが強いわけではない
揮発性	・におい物質が気体あるいは微粒子状として鼻腔内に取り込まれるので，ある程度以上揮発性でなければならない
官能基	・においの強さは分子の大きさに関係している。炭化水素類の場合，$C_8 \sim C_{15}$ が最もにおいが強い。高分子になるほど不揮発性になるので，においは弱くなり，さらに大きくなると無臭になる ・分子内の官能基は発香団と呼ばれる。低分子になるほど官能基の影響を受けやすく，高分子になるほど官能基より分子の大きさの影響を大きく受ける

（ムスクキシロール：セッケンなどに香料として使われる）

ことから，脂質もにおいの受容部位であると考えられる。

1.3 においの要素
―においの原因となる発香団―

においとは，揮発性物質が鼻腔の中の嗅細胞を刺激したときに起こる感覚（嗅覚）であることはわかっているが，そのメカニズムはまだ解明されていない。色の三原色（赤，緑，青）や，音の三要素（強弱，音色，大小），味の四要素（甘味，酸味，苦味，塩味。うま味を加えた五基本味説もある）に相当するにおいの要素はまだない。

200万種類以上の物質の中でにおいのある物質はその1/5～1/10と言われている。しかし，物質がにおうための条件，つまりにおいの素となる物質の構造は解明されていない。物質の色は，その物質の分子中にある波長の光を吸収する化学構造があるためである。残念ながら，においの場合はそのような化学（分子）構造がわかっていない。

においの起源としてはいろいろな学説が発表されており，分子振動説，化学構造説，吸着説などがある。現在のところ，化学構造とにおいを単純に系統づけることはできないが，色素に発色団（発色団が可視光線のエネルギーを吸収して励起され，色をもつ）があるのと同様に，においにも発香団があると考えられている。ヒドロキシ基，ケトン基，アルデヒド基，エステル基などが発香団としてあげられる（**表1.3.1**）。カルボキシル基が付くと酸臭，ヒドロキシ基が付くとアルコール臭というように，においの質にも影響すると言われている。イオウ（S），窒素（N），リン（P）などを持ったものに強い匂いを持つものが多く（たとえば窒素を含むアントラニル酸メチルは強く甘い良い香りがある），これらを含む発香団もある。なお，イオウやリンを含むものは，一般には悪臭性のものが多い（イオウを含むコーヒーの香り成分など例外もある）。特にリンは殺虫剤などに含まれている化合物が多く，これらは悪臭性である。

表 1.3.1 おもな発香団（化合物群の名称，官能基）

発香団	化学構造	例
アルコール類	—OH	エチルアルコール，フェニルエチルアルコール（花香）
フェノール	—OH	cis-ジャスモン（花香）
ケトン	>CO	オイゲノール（花香）
アルデヒド	—CHO	ホルムアルデヒド（刺激臭），アニスアルデヒド（花香）
カルボン酸	—COOH	酢酸（酢）
エステル	—COOR	酢酸エチル（果実香），安息香酸メチル（花香）
ラクトン	—CO—O—	ジャスミンラクトン（花香）
エーテル	—O—	ローズオキサイド（花香），ネロールオキサイド（果実香）
ニトリル	—CN	ドデカンニトリル（果実香），ゲラニルニトリル（果実香）
イソニトリル	—NC	
アミド	—NH$_2$	アントラニル酸メチル（花香）
チオエーテル	—S—	ジメチルスルフィド（悪臭）
チオシアン	—SCN	チオシアン酸エチル（タマネギ臭）
イソチオシアン	—NCS	アリルイソチオシアナート（野菜香）
ニトロ	—NO$_2$	ムスクキシロール（じゃ香）

（官能基：化合物の性質を特徴づける特定の基のこと）

1.4 においの強度
—臭気強度と臭気指数—

においの質や強さには，におい物質の分子を構成するある特有の元素や分子量，分子構造が関係している。においと分子構造との関係については，分子構造の種類が多く，嗅覚も多様なことなどから，一般的な規則性が見出されていないが，特定の分子構造とにおいの強度の相関としてある程度の規則性が見つけられている（**表1.4.1**）。

臭気強度は臭気を定量的には数値化する尺度の一つである。日本では，臭気強度を臭気の感覚的強さを示す尺度としている。臭気の質に応じて，**表1.4.2**に示す6段階の臭気表示を採用している。

表1.4.1　においの強度と物質の構造の関係（一般的に言われている関係）

構　造	解　説
炭素数	・骨格となる炭素数は，低分子ほど官能基特有のにおいが強く刺激的だが，8～13個で最もにおいが強くなる ・高分子量になると不揮発性になり，においは弱くなる
不飽和度	・鎖状化合物は環状化合物よりにおいは強い ・不飽和度が増すとにおいは強くなる ・二重結合や三重結合の数が大きくなるとにおいがより強くなる
イオウ，窒素の有無	・分子内にイオウ（S）や窒素（N）があるとにおいが強くなる
におい官能基の有無	・分子内に官能基（ヒドロキシ，カルボンキシル，エステル，エーテル，アルデヒド，ケトン，ラクトンなど）があるとにおいが強くなる
水酸基（—OH）の数	・分子内のヒドロキシ基の数は，一つの時が最もにおいが強く，数が多くなると弱くなり，さらに増えると無臭になる
エステル化合物の有無	・エステル化合物は，構成する酸やアルコールより芳香が優れる

（不飽和度：飽和炭化水素に対して，不足している水素原子の数の1/2）

表1.4.2　6段階臭気強度表示（目安にすぎない数値である）

臭気強度	内　容
0	無臭
1	やっと感知できる臭い（検知閾値濃度）
2	何の臭いであるかわかる弱い臭い（認知閾値濃度）
3	らくに感知できる臭い
4	強い臭い
5	強烈な臭い

　悪臭防止法（第2章を参照）の規制に定める敷地境界線における規制基準（第1号規制）の範囲は，下限は臭気強度2.5以下に対応する濃度とし，上限は地域の自然・社会的条件を考慮して3.5以下に対応する濃度とされている。
　においは感じる人それぞれで感じ方が異なるため，においの強度を統一的に表わすことは難しい。悪臭防止法の法規制にあたり，制定当初は悪臭の原因となる物質の濃度の計器による測定を基準とした。物質の濃度での規制では，ほとんどの臭いが混合臭気であり，濃度が規制範囲内であっても臭いがなくなるわけではないことから，より実際的な人間の嗅覚を基準とする臭気指数を用い

た方法に1995年に改正された。

臭気指数は人間の嗅覚の感覚量に対応した尺度で，人間の嗅覚を数値化したものである。現在の悪臭防止法などの規制基準には広く使用されている。臭気指数と臭気濃度の関係式は次式で表わされる。

[臭気指数]＝10×$\log_{10}$（臭気濃度）

この式の臭気濃度は，「三点比較式臭袋法」と呼ばれる方法が使用され，数名の臭気判定士がある臭気を希釈してにおいがしなくなった希釈倍数を平均化した数値である。たとえば，臭気濃度1,000とは，臭気を1,000倍に希釈したときに大部分の人が臭いを感知できなくなるということを表わす。この場合の臭気指数は30である。臭気強度に対応する臭気指数および濃度の例は本章1.5（後出表1.5.3）と第2章に示されている。物質によって異なるが，臭気強度と臭気指数の関係は**表1.4.3**のようになる。なお，アメリカで使われている臭気の単位はOU/m^3（odour units per cubic meter）臭気単位である。1 OU/m^3は，標準状態で臭気物質を1 m^3の空気中に希釈したのちに臭気判定士の50％が感知する臭気のことである。

表1.4.3　臭気強度と臭気指数の関係

臭気強度	臭気指数
2.5	10〜15
3.0	12〜18
3.5	14〜21

参 考 文 献

1) 石黒辰吉（監），「防脱臭　技術集成」，エヌ・ティー・エス（2002）
2) 檜山和成，「実例にみる脱臭技術」，工業調査会（2003）

1.5 臭いの発生源とおもな成分
—家庭での臭いと事業所からの臭い—

　身近な場所にも気になる臭いがある。家庭内のほかに，病院や老人医療施設などでは臭いの発生源が多く，不快な臭いが気になる場合がある。たとえば，居住空間では**表1.5.1**に示すような悪臭物質が検出される。これらの悪臭に対してもいろいろな脱臭技術が使われている。

　社会的に問題となる臭いの発生源は，おもに工場・事業所，廃棄物などの処理施設，埋立地，養鶏・養豚場その他の地域周辺である。最近はレストラン，ファーストフード店，焼き鳥屋，うなぎ屋などの飲食店の臭いの苦情も増えている。**表1.5.2**に事業場からの悪臭物質をまとめた。

　事業場からの臭気指数は**表1.5.3**に示すとおりである。臭気強度1が検知閾値濃度で，臭気強度2が認知閾値濃度である（表1.4.2）。規制基準は臭気強度2.5～3.5である。この規制基準に対応する各事業場の臭気指数（本章1.4）が示されている。

表1.5.1　居住空間における臭気の種類

発生場所	臭いの種類	おもな臭気物質
リビング（建材，じゅうたん，家具，壁，空調など）	溶剤臭，ほこり臭，たばこ臭，かび臭，ペット臭	ホルムアルデヒド，アンモニア，酢酸，アセトアルデヒド，硫化水素，二硫化メチル，硫化メチル，メチルアミン，ジオスミンなど
ベッドルーム（タンス，衣類など）	体臭，ほこり臭	ヘキサノール，ヘプタナール，アンモニア，イソ吉草酸，酢酸，硫化水素など
キッチン（生ゴミ，焼肉やてんぷらの調理など）	生ゴミ臭，調理臭	アセトアルデヒド，メチルメルカプタン，硫化水素，アンモニア，硫化メチル，酢酸，トリメチルアミン，硫化メチルなど
バスルーム（排水口，壁，床など）	かび臭，体臭	ジオスミン，アンモニア，酢酸，硫化水素，メチルメルカプタン，ジオスミンなど
トイレット（便器，床など）	トイレ臭，たばこ臭	アンモニア，硫化メチル，メチルメルカプタン，硫化水素，トリメチルアミンなど
エントランス（シューズボックス）	靴臭，足臭，かび臭	アンモニア，イソ吉草酸，酢酸，硫化水素，メチルメルカプタン，ノルマル酪酸など

表1.5.2 事業場からの悪臭物質

事業場とおもな発生源	おもな悪臭物質
養豚場（糞尿処理施設，豚舎）	ノルマル酪酸，ノルマル吉草酸，トリメチルアミン，アンモニア，硫化水素，アセトアルデヒドなど
養鶏場（糞尿処理施設，鶏舎，廃鶏焼却炉）	アンモニア，硫化メチル，硫化水素，ノルマル酪酸，メチルメルカプタンなど
肥料・飼料製造工場	ノルマル酪酸，硫化水素，イソ吉草酸，ノルマル吉草酸，トリメチルアミン，アンモニアなど
化製場（魚腸骨処理，クッカーなどの排蒸気，獣滓処理，原料置場）	メチルメルカプタン，イソ吉草酸，ノルマル酪酸，プロピオン酸，硫化水素，アンモニア，トリメチルアミンなど
塗装・印刷工場（塗装ブース，乾燥，焼付け，印刷機）	ホルムアルデヒド，アセトアルデヒド，プロピオンアルデヒド，トルエン，イソブチルアルデヒド，ノルマルブチルアルデヒド，イソブタノール，メチルイソブチルケトン，酢酸エチル，キシレン，ノルマル酪酸など
下水処理場	硫化水素，メチルメルカプタン，硫化メチル，ノルマル酪酸，アセトアルデヒド，アンモニアなど
飲食店（調理場，排水処理施設）	アセトアルデヒド，ノルマル酪酸など
食料品製造業（排水処理施設，フライヤー，焙煎機，ごみ焼却炉）	硫化水素，メチルメルカプタン，硫化メチル，プロピオン酸，ノルマル酪酸など
クリーニング店（乾燥機，排水処理装置）	*石油系溶剤，塩素系溶剤（テトラクロロエチレン）*
コンポスト化施設（原料搬入・貯留場，発酵施設）	アンモニア，アミン類，硫化水素，メチルメルカプタンなど
鋳造工場（シェル砂混錬機，シェルマシーン）	ノルマル酪酸，ノルマル吉草酸，アセトアルデヒドなど
木工工場（木材切断，塗装，焼却炉）	硫化水素，ホルムアルデヒド，フェノール
パルプ・紙工場（連続蒸解釜，排水タンク，蒸発装置，回収ボイラー）	メチルメルカプタン，硫化水素，硫化メチル，二硫化メチルなど
し尿処理場	硫化水素，メチルメルカプタン，硫化メチル，アンモニア，トリメチルアミン，アセトアルデヒドなど
アルミニウム建材工場	トルエン，キシレン，ベンゼン，ノルマルブタノール，イソプロピルアルコール，メチルイソブチルケトン，酢酸エチルなど
車両製造工場	トルエン，キシレン，ベンゼン，メチルイソブチルケトン，酢酸エチルなど
半導体工場	イソプロピルアルコール，酢酸エチル，*乳酸エチル*，キシレン，*ノルマルメチルピロリドン*など
農業集落排水処理施設	硫化水素，メチルメルカプタン，硫化メチルなど
フィッシュミル工場	アンモニア，メチルメルカプタン，トリメチルアミン，イソ吉草酸，ノルマル酪酸など
アミノ酸製造工場	硫化水素，メチルメルカプタン，硫化メチル，アンモニア，アセトアルデヒド，プロピオン酸，イソ吉草酸，ノルマル酪酸など

（イタリック表記は特定悪臭物質（第2章）ではない物質を表わす）

表1.5.3　事業場からの臭気指数

業　種		各臭気強度に対応する臭気指数		
		臭気強度 2.5	3.0	3.5
畜産農業	養豚業	12	15	18
	養牛業	11	16	20
	養鶏場	11	14	17
飼料・肥料製造業	魚腸骨処理場	13	15	18
	獣骨処理場	13	15	17
	複合肥料製造工場	11	13	15
食料品製造工場	水産食料品製造工場	13	15	18
	油脂系食料品製造工場	14	18	21
	デンプン製造工場	15	17	19
	調理食料品製造工場	13	15	17
	コーヒー製造工場	15	18	21
	その他	12	14	17
化学工場	化学肥料製造工場	11	14	17
	無機化学工業製品製造工場	10	12	14
	プラスチック工場	12	14	17
	石油化学工場	14	16	18
	油脂加工品製造工場	11	16	20
	アスファルト製造工場	12	16	19
	クラフトパルプ製造工場	14	16	17
	その他のパルプ・紙工場	11	14	16
	その他	14	16	18
その他の製造工場	繊維工場	11	16	20
	印刷工場	12	13	15
	塗装工場	14	16	19
	窯業・土石製品製造工場	14	17	21
	鋳物工場	11	14	16
	輸送用機械器具製造工場	10	13	15
	その他	14	17	20
サービス業・その他	廃棄物最終処分場	14	17	20
	ごみ焼却場	10	13	15
	下水処理場	11	13	16
	し尿処理場	12	14	17
	クリーニング店・洗濯工場	13	17	21
	飲食店	14	17	21
	その他	13	15	18
最大値		15	18	21
最小値		10	12	14

(「悪臭防止法の一部を改正する法律の施行について」,平成7年9月環境庁大気保全局長通知より)

(臭気強度が2.5, 3.0, 3.5の場合について臭気指数が表示されているのは，規制基準の下限は臭気強度2.5以下で，上限は地域の条件を考慮した場合の3.5以下とされているため)

参 考 文 献

1) 石黒辰吉（監），「防脱臭　技術集成」，エヌ・ティー・エス（2002）
2) 栗岡豊，外池光雄（編），「匂いの応用工学」，朝倉書店（1997）
3) 澁谷達明，市川眞澄（編），「匂いと香りの科学」，朝倉書店（2007）
4) 檜山和成，「実例にみる脱臭技術」，工業調査会（2003）
5) 渡辺洋三，「香りの小百科」，工業調査会（1996）

第 2 章
悪臭防止法

本章では，脱臭処理をする際に必要な法規制の概要を解説する。
脱臭処理の目標値の設定は，法律が基準となるのでそれを知る必要がある。

2.1 特定悪臭物質

臭いに関する規制としては悪臭防止法がある。1960年代に全国各地で化製場（皮革，油脂，にかわ，肥料，飼料その他の物の製造のために死亡した家畜の死体などを処理する施設）や石油，パルプなどの工場・事業場からの悪臭による苦情が大きな社会問題になり，国で規制しようと1971年6月1日に「悪臭防止法」が公布された。当初は，「悪臭物質」としてアンモニア，メチルメルカプタンなど5物質が制定されたのみであったが，その後順次追加され，1993年までに22物質が「特定悪臭物質」に指定されている（表2.1.1）。

表2.1.2に悪臭防止法における特定悪臭物質の性質と毒性がまとめられている。また，悪臭防止法に基づく規制対象物質とそのおもな発生源は表2.1.3にまとめられている。

表2.1.1 悪臭防止法における特定悪臭物質

指定，追加された年	特定悪臭物質（22物質）
1971年	アンモニア，メチルメルカプタン，硫化水素，硫化メチル，トリメチルアミン
1976年	二硫化メチル，アセトアルデヒド，スチレン
1989年	プロピオン酸，ノルマル酪酸，ノルマル吉草酸，イソ吉草酸
1993年	トルエン，キシレン，酢酸エチル，メチルイソブチルケトン，イソブタノール，プロピオンアルデヒド，ノルマルブチルアルデヒド，イソブチルアルデヒド，ノルマルバレルアルデヒド，イソバレルアルデヒド

〈悪臭防止法の変遷〉
昭和46・6・1・法律91号
改正平成7・4・21・法律71号
改正平成11・7・16・法律87号
改正平成11・12・22・法律160号
改正平成12・5・17・法律65号
改正平成18・6・2・法律50号（施行＝平成20年12月1日）

2.2 悪臭物質の規制

もちろん，悪臭防止法における特定悪臭物質に含まれていない物質については処理しないで排出してよいというわけではない。多くの自治体で独自の規制条例や指導要綱を制定し，悪臭対策にあたっている。しかし，においをもつ化

表2.1.2 悪臭防止法における特定悪臭物質の性質と毒性

物質名	分子式	分子量	融点(℃)	沸点(℃)	水溶性	性状, 臭い	毒性
アンモニア	NH_3	17	-77.7	-33.5	89.9 g/水100 g	無色強刺激臭ガス	頭痛, 咽喉の炎症, 吐気
メチルメルカプタン	CH_3SH	48	-123.1	5.95	微溶	腐敗臭を持つ燃焼性ガス	頭痛, めまい, 呼吸麻痺
硫化水素	H_2S	34	-85.5	-60.3	437 g/水100 g	腐卵臭の刺激性ガス	20 ppm以上で結膜炎, 700 ppm以上で呼吸中枢麻痺で即死
硫化メチル	$(CH_3)_2S$	66	-83	37.5	不溶	無色の不快臭を持つ液体	
二硫化メチル	$(CH_3)_2S_2$	94	-98	109.5	—	ニンニク臭を持つ液体	目・皮膚を刺激
トリメチルアミン	$(CH_3)_3N$	59	-117.1	2.9	易溶	刺激の強いアンモニア臭ガス	頭痛, 中枢神経系
アセトアルデヒド	CH_3CHO	44	-123.5	21	∞	無色の刺激臭のある液体。火災, 爆発の危険性大	200 ppmで結膜炎, 気管支炎, 肺浮腫
プロピオンアルデヒド	CH_3CH_2CHO	58	-81	48.8	16.2 g/水100 g	息苦しくなる臭いを持つ液体	粘膜刺激, 肝障害, 肺障害
ノルマルブチルアルデヒド	$CH_3(CH_2)_2CHO$	72	-99	75.7	3.7 g/水100 g	刺激臭を持つ可燃性の無色の液体	粘膜刺激, 肺障害
イソブチルアルデヒド	$(CH_3)_2CHCHO$	72	-66	62	8.8 g/水100 g	刺激臭を持つ可燃性の液体	皮膚・粘膜刺激, 肺水腫
ノルマルバレルアルデヒド	$CH_3(CH_2)_3CHO$	86	-91.5	102.5	微溶	刺激臭を持つ可燃性の無色の液体	皮膚・粘膜刺激
イソバレルアルデヒド	$(CH_3)_2CHCH_2CHO$	86	-51	92.5	微溶	無色の刺激臭のある液体	
イソブタノール	$(CH_3)_2CHCH_2OH$	74	-108.0	108.0	9.5 g/水100 g	無色透明で甘い芳香を持つ液体	角膜障害, 咽頭刺激
酢酸エチル	$CH_3CO_2C_2H_5$	88	-83.6	76.82	7.87 g/水100 g	果実臭を持つ無色透明で揮発性の液体	粘膜の炎症, 肺浮腫
メチルイソブチルケトン	$CH_3COCH_2CH(CH_3)_2$	100	-84.7	118	1.7 g/水100 g	特異臭のある無色透明な液体	眼・鼻・咽頭の刺激, 頭痛, 嘔吐
トルエン	$C_6H_5CH_3$	92	-95	110.6	不溶	ベンゼン様の芳香を持つ無色の液体	頭痛, 全身倦怠感, 息苦しさ
スチレン	$C_6H_5CHCH_2$	104	-30.6	145.2	微溶	無色ないし微黄色の液体	粘膜刺激, 脳波異常
キシレン	$C_6H_4(CH_3)_2$	106	-25.2	138.4	不溶	ベンゼン様の芳香を持つ無色の液体	頭痛, 全身倦怠感, 息苦しさ
プロピオン酸	CH_3CH_2COOH	74	-21.5	141.1	∞	軽度の刺激臭, 不快臭, 腐敗臭を有する油状の液体	
ノルマル酪酸	$CH_3(CH_2)_2COOH$	88	-7.9	163.5	∞	不快臭, 腐敗臭を有する油状の液体	
ノルマル吉草酸	$CH_3(CH_2)_3COOH$	102	-34.5	186.4	3.7 g/水100 g	不快臭を有する無色の液体	
イソ吉草酸	$(CH_3)_2CHCH_2COOH$	102	-37	176.5	4.2 g/水100 g	不快な酸敗チーズ臭を有する無色で酸味のある液体	

表 2.1.3 悪臭防止法に基づく規制対象物質とそのおもな発生源

物質名	臭いの質	おもな発生源
アンモニア	し尿臭	畜産事業場，化製場，複合肥料製造業，し尿処理場など
メチルメルカプタン	腐ったタマネギ臭	クラフトパルプ製造業，化製場，ごみ処理場，し尿処理場など
硫化水素	腐った卵臭	畜産事業場，クラフトパルプ製造業，化製場，し尿処理場など
硫化メチル	腐ったキャベツ臭	クラフトパルプ製造業，化製場，ごみ処理場など
二硫化メチル	腐ったキャベツ臭	クラフトパルプ製造業，化製場，ごみ処理場など
トリメチルアミン	腐った魚臭	畜産事業場，化製場，水産加工場など
アセトアルデヒド	刺激性果実臭	化学工場（アセトアルデヒド，酢酸，酢酸ビニル製造），魚腸骨処理場，たばこ製造工場など
プロピオンアルデヒド	刺激的な甘酸っぱい焦げ臭	焼付け塗装工程がある事業場（塗装，自動車修理，印刷）など
ノルマルブチルアルデヒド	刺激的な甘酸っぱい焦げ臭	焼付け塗装工程がある事業場（塗装，自動車修理，印刷）など
イソブチルアルデヒド	刺激的な甘酸っぱい焦げ臭	焼付け塗装工程がある事業場（塗装，自動車修理，印刷）など
ノルマルバレルアルデヒド	むせるような甘酸っぱい焦げ臭	焼付け塗装工程がある事業場（塗装，自動車修理，印刷）など
イソバレルアルデヒド	むせるような甘酸っぱい焦げ臭	焼付け塗装工程がある事業場（塗装，自動車修理，印刷）など
イソブタノール	刺激的な発酵臭	塗装または印刷工程がある事業場（塗装，自動車修理，印刷）など
酢酸エチル	刺激的なシンナー臭	塗装または印刷工程がある事業場（塗装，自動車修理，印刷）など
メチルイソブチルケトン	刺激的なシンナー臭	塗装または印刷工程がある事業場（塗装，自動車修理，印刷）など
トルエン	ガソリン臭	塗装または印刷工程がある事業場（塗装，自動車修理，印刷）など
スチレン	刺激性芳香族臭	化学工場（スチレン，ポリスチレン），FRP（繊維強化プラスチック）製造工場など
キシレン	ガソリン臭	塗装または印刷工程がある事業場（塗装，自動車修理，印刷）など
プロピオン酸	酸っぱい刺激臭	脂肪酸製造工場，染色工場，化製場など
ノルマル酪酸	汗くさい臭い	畜産事業場，化製場，デンプン工場など
ノルマル吉草酸	むれた靴下臭	畜産事業場，化製場，デンプン工場など
イソ吉草酸	むれた靴下臭	畜産事業場，化製場，デンプン工場など

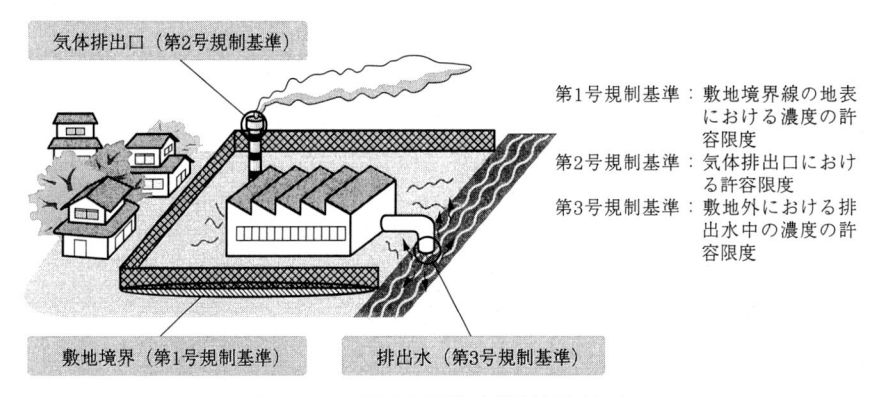

図2.2.1　悪臭物質排出規制対象箇所

（図中ラベル）
- 気体排出口（第2号規制基準）
- 敷地境界（第1号規制基準）
- 排出水（第3号規制基準）
- 第1号規制基準：敷地境界線の地表における濃度の許容限度
- 第2号規制基準：気体排出口における許容限度
- 第3号規制基準：敷地外における排出水中の濃度の許容限度

合物は何十万種類もあり，さらに複数の物質が混ざることによる相加・相乗効果もあり，濃度規制には限界があるとされている。

現在では，指定地域ごとに濃度あるいは臭気指数による規制のどちらかを選択できる。悪臭防止法で規制されている「特定悪臭物質」は，工場その他の事業場の敷地境界や排出口等で規制が設けられている。規制対象は事業場全体で業種による適用除外はない。排出形態は「特定の排出口がなく建屋などからの排出」，「煙突などの気体排出口からの排出」，「排水成分の気化・蒸散などによる排出」の3種類がある（図2.2.1）。養豚場や養鶏場などは，特定の煙突や排気口がなく事業場の建屋・敷地全体から悪臭物質は排出される。塗装工場などでは，おもに煙突などの気体排出口から悪臭物質は排出される。また，化製場などの事業場から排出される排水中には悪臭物質が含まれ，それらが気化・蒸散する場合が考えられる。

特定悪臭物質の規制基準は，事業場の敷地から外には出さないという観点から設けられた敷地境界線の規制基準（第1号規制基準）が基本となっている。煙突などの気体排出口から出される特定悪臭物質が敷地境界の上方を飛び越えて遠方の敷地外の地域に着地する場合には，そのときの最大着地濃度が敷地境界線上に定められた第1号規制基準に適合するように悪臭防止法施行規則で定めた換算式で算出した気体排出口の流量または濃度（第2号規制基準）で規制する。排出水中における規制基準については，同様な考え方により規則に定め

表2.2.1 特定悪臭物質の規制基準

分　　類	悪臭物質	第1号規制	第2号規制	第3号規制
含窒素化合物	アンモニア	○	○	×
含イオウ化合物	メチルメルカプタン	○	×	○
	硫化水素	○	○	○
	硫化メチル	○	×	○
	二硫化メチル	○	×	○
アミン類	トリメチルアミン	○	○	×
アルデヒド類	アセトアルデヒド	○	×	×
	プロピオンアルデヒド	○	○	×
	ノルマルブチルアルデヒド	○	○	×
	イソブチルアルデヒド	○	○	×
	ノルマルバレルアルデヒド	○	○	×
	イソバレルアルデヒド	○	○	×
脂肪族アルコール類	イソブタノール	○	○	×
エステル類	酢酸エチル	○	○	×
ケトン類	メチルイソブチルケトン	○	○	×
芳香族炭化水素類	トルエン	○	○	×
	スチレン	○	×	×
	キシレン	○	○	×
脂肪酸類	プロピオン酸	○	×	×
	ノルマル酪酸	○	×	×
	ノルマル吉草酸	○	×	×
	イソ吉草酸	○	×	×

(○：規制基準あり，×：規制基準なし)

た換算式で算出した事業場の敷地外に出た排出水中の特定悪臭物質濃度（第3号規制基準）で規制する。**表2.2.1**には3つの排出形態で特定悪臭物質の中でどの物質が規制されているかがまとめられている。

第1号規制基準は，6段階臭気強度表示法（表1.4.2を参照）の臭気強度2.5から3.5の範囲で定めることとされており，対応する特定悪臭物質の濃度を**表2.2.2**に示す。

メチルメルカプタン，硫化メチル，二硫化メチル，アセトアルデヒド，スチ

表2.2.2 第1号規制基準における特定悪臭物質の臭気強度に対応する濃度

特定悪臭物質名	臭気強度に対応する濃度（ppm）			特定悪臭物質名	臭気強度に対応する濃度（ppm）		
	臭気強度2.5	臭気強度3.0	臭気強度3.5		臭気強度2.5	臭気強度3.0	臭気強度3.5
アンモニア	1	2	5	イソバレルアルデヒド	0.003	0.006	0.01
メチルメルカプタン	0.002	0.004	0.01	イソブタノール	0.9	4	20
硫化水素	0.02	0.06	0.2	酢酸エチル	3	7	20
硫化メチル	0.01	0.05	0.2	メチルイソブチルケトン	1	3	6
二硫化メチル	0.009	0.03	0.1	トルエン	10	30	60
トリメチルアミン	0.005	0.02	0.07	スチレン	0.4	0.8	2
アセトアルデヒド	0.05	0.1	0.5	キシレン	1	2	5
プロピオンアルデヒド	0.05	0.1	0.5	プロピオン酸	0.03	0.07	0.2
ノルマブチルアルデヒド	0.009	0.03	0.08	ノルマル酪酸	0.001	0.002	0.006
イソブチルアルデヒド	0.02	0.07	0.2	ノルマル吉草酸	0.0009	0.002	0.004
ノルマルバレルアルデヒド	0.009	0.02	0.05	イソ吉草酸	0.001	0.004	0.01

（臭気強度2.5が第1種区域の規制基準，臭気強度3.0が第2種区域の規制基準）
（第1種区域はおもに工業用に使われている地域で，第2種区域は第1種区域以外の地域と一般的には定義される）

レン，プロピオン酸，ノルマル酪酸，ノルマル吉草酸，イソ吉草酸は大気拡散中に物質が化学変化するので第2号規制基準から除外されている（**表2.2.3**）。3号規制基準である排水口の物質については，メチルメルカプタン，硫化水素，硫化メチル，二硫化メチルの水中濃度が定められている。

特定悪臭物質それぞれについての規制基準であるが，実際の臭気は複合臭であることが多い。その場合については，たとえば第1号規制として複合臭の臭気指数が10～21と与えられている（環境省環境管理局大気生活環境室，「防脱臭技術の適用に関する手引き」，環境省（2003））。

悪臭防止法による規制以外にも，「有害大気汚染物質」として，234種類の低濃度であっても長期的な摂取により健康影響が生ずるおそれのある物質が指定されている。そのうち特に優先的に対策に取り組むべき物質（優先取組物質）として，22種類がリストアップされている（**表2.2.4**）。

表2.2.5には，臭気強度で表した規制基準範囲に対応するそれぞれの特定悪臭物質の濃度（ppm）がまとめられている。同じ臭気強度で物質濃度が小さい物質ほど，少量で悪臭を出すことを意味している。

表2.2.3　第2号規制基準における特定悪臭物質の臭気強度に対応する濃度(ppm)

特定悪臭物質名	第1種区域	第2種区域
アンモニア	1	2
硫化水素	0.02	0.06
トリメチルアミン	0.005	0.02
プロピオンアルデヒド	0.05	0.1
ノルマルブチルアルデヒド	0.009	0.03
イソブチルアルデヒド	0.02	0.07
ノルマルバレルアルデヒド	0.009	0.02
イソバレルアルデヒド	0.003	0.006
イソブタノール	0.9	4
酢酸Tチル	3	7
メチルイソブチルケトン	1	3
トルエン	10	30
キシレン	1	2

表2.2.4　有害大気汚染物質（優先取組物質）

物　質　名		
アクリロニトリル	テトラクロロエチレン	ヒ素およびその化合物
アセトアルデヒド	トリクロロエチレン	ベリリウムおよびその化合物
塩化ビニルモノマー	1.3-ブタジエン	マンガンおよびその化合物
クロロホルム	ベンゼン	六価クロム化合物
酸化エチレン	ベンゾ [a] ピレン	クロロメチルメチルエーテル
1,2-ジクロロエタン	ホルムアルデヒド	タルク（アスベスト様繊維を
ジクロロメタン	水銀およびその化合物	含むもの）
ダイオキシン類	ニッケル化合物	

(大気汚染防止法の概要　平成18年10月，水・大気環境局大気環境課より)

表 2.2.5　特定悪臭物質の規制基準範囲（臭気強度に対応する濃度）

分　　類	悪臭物質	臭気強度（数字は各臭気物質の濃度：ppm）						
		1 (検知閾値)	2 (認知閾値)	2.5	3	3.5	4	5
窒素化合物	アンモニア	0.1	0.6	1	2	5	10	40
	トリメチルアミン	0.0001	0.001	0.005	0.02	0.07	0.2	3
イオウ化合物	硫化水素	0.0005	0.006	0.02	0.06	0.2	0.7	8
	メチルメルカプタン	0.0001	0.0007	0.002	0.004	0.01	0.03	0.2
	硫化メチル	0.0001	0.002	0.01	0.05	0.2	0.8	20
	二硫化メチル	0.0003	0.003	0.009	0.03	0.1	0.3	3
低脂肪酸類	プロピオン酸	0.002	0.01	0.03	0.07	0.2	0.4	2
	ノルマル酪酸	0.00007	0.0004	0.001	0.002	0.006	0.02	0.087
	イソ吉草酸	0.00005	0.0004	0.001	0.004	0.01	0.03	0.3
	ノルマル吉草酸	0.0001	0.0005	0.0009	0.002	0.004	0.008	0.04
アルコール類	イソブタノール	0.01	0.2	0.9	4	20	70	1000
芳香族炭化水素	トルエン	0.9	5	10	30	60	100	700
	スチレン	0.03	0.2	0.4	0.8	2	4	20
	キシレン	0.1	0.5	1	2	5	10	50
ケトン類	メチルイソブチルケトン	0.2	0.7	1	3	6	10	50
エステル類	酢酸エチル	0.3	1	3	7	20	40	200
アルデヒド類	アセトアルデヒド	0.002	0.01	0.05	0.1	0.5	1	10
	プロピオンアルデヒド	0.002	0.02	0.05	0.1	0.5	1	10
	ノルマルブチルアルデヒド	0.0003	0.003	0.009	0.03	0.08	0.3	2
	イソブチルアルデヒド	0.0009	0.008	0.02	0.07	0.2	0.6	5
	ノルマルバレルアルデヒド	0.0007	0.004	0.009	0.02	0.05	0.1	0.6
	イソバレルアルデヒド	0.0002	0.001	0.003	0.006	0.01	0.03	0.2

（臭気強度は，6段階臭気強度法による表示を用いた（表1.4.2））
（濃度 w/w：無臭の流動パラフィンに対する重量比）

（環境省環境管理局大気生活環境室，「防脱臭技術の適用に関する手引き」(2003)から作成）

参 考 文 献

1) 悪臭法令研究会（編），「ハンドブック悪臭防止法四訂版」，ぎょうせい（2001）
2) 石黒辰吉（監），「防脱臭　技術集成」，エヌ・ティー・エス（2002）
3) 石黒辰吉，「臭気の測定と対策技術」，オーム社（2002）
4) 環境省環境管理局大気生活環境室，「防脱臭技術の適用に関する手引き」，環境省（2003）
5) 檜山和成，「実例にみる脱臭技術」，工業調査会（2003）

第3章
脱臭技術

本章では，現在おもに使われている脱臭技術を解説する。
脱臭法の適切な選定には，どのような原理が使われて脱臭されているのかを理解する必要がある。

3.1 脱臭技術の分類
―臭気物質の除去と分解の技術―

3.1.1 脱臭技術の分類と概要

　現在，数多くの脱臭技術が実用化されている。新しい技術の開発も活発になされている。それらの中から最も適した脱臭方式を選択するには，臭気の発生源と臭気物質を特定するとともに，適用可能な脱臭技術の特徴を十分に理解している必要がある。なお，脱臭法の選定において，技術的な問題のほかに，環境負荷やコストも重要な因子である。

　脱臭技術としては，臭気物質を取り除くことにより臭いをなくすか弱める方法（臭気物質と言っても有用な物質の場合もあり，その場合は回収することもある），臭気物質を分解することにより無臭あるいは臭いの弱い物質に変化させる方法（分解してしまうため臭気物質の回収はできない），ほかの臭いで臭気物質の臭いをおおい隠す方法に大別される。脱臭法の原理でまとめると，物理・化学的方法と生物的方法に分類できる。従来は，薬液洗浄，活性炭吸着などいわゆる物理・化学的方法が主流であったが，近年ランニングコストや維持管理の面から，生物脱臭法が注目されている。脱臭技術を処理法の原理でまとめると**図3.1.1**のようになる。また，**表3.1.1**に脱臭技術の概要がまとめられている。

　図3.1.1にまとめられている方法以外に，新鮮な空気を送り込んで臭気成分の臭いを感じないまでに希釈したり，臭気ガスを煙突に導いて高い所から放出拡散するいわゆる希釈・拡散法もあるが，それらは本書では省略する。

　この章では，現在実用化されている脱臭技術を中心に解説する。最新の技術はおもに第4章で解説する。なお，揮発性有機化合物（VOC）のほとんどは臭いを持っており，その削減技術は脱臭技術と類似している。

第3章◆脱臭技術

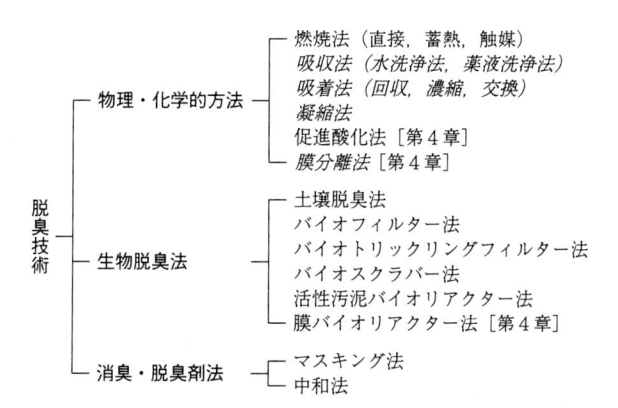

```
           ┌─ 物理・化学的方法 ─┬─ 燃焼法（直接，蓄熱，触媒）
           │                    ├─ 吸収法（水洗浄法，薬液洗浄法）
           │                    ├─ 吸着法（回収，濃縮，交換）
           │                    ├─ 凝縮法
           │                    ├─ 促進酸化法［第4章］
   脱      │                    └─ 膜分離法［第4章］
   臭      │
   技  ────┤                    ┌─ 土壌脱臭法
   術      │                    ├─ バイオフィルター法
           ├─ 生物脱臭法 ───────┼─ バイオトリックリングフィルター法
           │                    ├─ バイオスクラバー法
           │                    ├─ 活性汚泥バイオリアクター法
           │                    └─ 膜バイオリアクター法［第4章］
           │
           └─ 消臭・脱臭剤法 ──┬─ マスキング法
                                └─ 中和法
```

（［第4章］と書いてある脱臭技術は，おもに第4章に記述されている。
イタリック表記は臭気物質の回収が可能な脱臭技術を表す）

図 3.1.1　処理法の原理による脱臭技術の分類

表 3.1.1　脱臭技術の概要

脱臭技術			原理	特徴	注釈
燃焼法	直接燃焼		・650～800℃で燃焼し酸化分解する	・中・高濃度臭気の処理に適している ・腐敗臭，溶剤臭など広い範囲の臭気に適用可能である	・ランニングコストが高い ・NO_x が発生する ・廃熱利用を考える
	蓄熱燃焼	直接燃焼	・蓄熱体により熱効率を高める ・燃焼温度は800～1,000℃	・熱効率が高い ・高排ガス流量に適している	・設備が大きく重い ・昇温に時間がかかる
		触媒燃焼	・200～400℃で触媒上において燃焼し酸化分解する	・低排ガス流量に適している ・蓄熱体にはハニカムや球状体が使われる	・触媒毒物質除去の前処理が必要である ・貴金属触媒が高価である ・設置スペースが小さい
	触媒燃焼		・150～350℃で触媒上において燃焼し酸化分解する	・直接燃焼に比べて消費燃料が少なく経済的である ・溶剤系の処理に適している	・触媒毒物質除去の前処理が必要である ・貴金属触媒が高価である
吸収（洗浄）法	水洗浄		・臭気成分を水に吸収して除去する	・装置が簡単で設備費が安い ・ガスの冷却効果もある ・ミストやダストも除去できる	・多量の水が必要である ・排水処理が必要な場合もある
	薬液洗浄		・薬液（酸，アルカリ，酸化剤）に吸収する ・液相における中和反応あるいは酸化反応により吸収を促進する	・設備費，ランニングコストが比較的安い ・ミストやダストも除去できる ・低・中濃度臭気の処理に適している	・薬液の調整と補充，pH調整など維持管理が必要である ・排水処理が必要

表 3.1.1 脱臭技術の概要（つづき）

吸着法	回収	固定床	・複数の吸着塔を切り換えながら吸着／脱着（再生）を行う	・高濃度溶剤系の処理に適している ・多くの実績があり、運転が比較的容易である	・排水処理が必要である ・ケトン系溶剤の場合に発火防止対策が必要である
		流動床	・微小球体吸着剤を空気輸送により吸着部と脱着部を循環させて脱臭する	・排水がほとんど発生しない ・回収溶剤の水分量が少ない ・メンテナンスが容易である	・特殊な形状の吸着剤であり高価である ・装置の高さが高い
	濃縮	ハニカム式	・ハニカムロータを回転して、吸着と脱着を連続的に行う ・低濃度臭気成分を濃縮する	・高排ガス流量、低濃度臭気の処理に適している ・ほかの脱臭法と組み合わせて装置の小型化ができる	・前処理としてフィルターで除塵する必要がある
	交換	固定床	・破過点に達したら吸着剤を交換する ・取り出した使用済み吸着剤は再生処理する ・添着炭の使用で効率を向上できる	・低濃度臭気の処理に適している ・比較的安価で維持管理も容易である ・ほかの脱臭法の仕上げ処理として使用されている	・前処理が必要な場合、水洗塔や除塵装置を設置する ・高濃度臭気の処理に適さない
促進酸化法	光触媒		・酸化チタン光触媒に紫外線を照射し生成するOHラジカルなどで臭気物質を酸化分解する	・薬品や燃料が不要で環境負荷が小さい（酸化チタンなどの場合） ・希薄な臭気の処理に適している	・開発途中の技術である ・触媒表面の汚れが活性を低下させるため、前処理用フィルターが必要である ・脱臭効果は光が届く範囲に限定される ・触媒上での臭気成分の滞留時間が1秒程度と短いと脱臭効果は期待できない
	オゾン		・オゾンと臭気物質を混合し、脱臭触媒器に供給して触媒上で酸化分解する ・臭気とオゾン水を気液接触させる方法もある	・比較的薄い臭気の処理で高い脱臭効果が安定して得られる ・水、薬品、燃料を使用しないのでメンテナンスが容易である ・装置は比較的コンパクトである	・前処理としてミストセパレーターを設置する ・高濃度硫化水素除去の場合、前処理の脱硫塔を設置する ・高濃度臭気に対応できない ・オゾンによる腐食に注意が必要である
	プラズマ		・臭気物質を含んだ排ガス中で高周波放電を行い、活性分子、ラジカル、オゾンなどを発生させ、その酸化力により臭気物質を分解する	・運転操作が容易である ・薬品などを使用せず、廃棄物も出ないので環境負荷が小さい ・放電の消費電力が小さく、ランニングコストも安い ・適用できる濃度範囲が広い	・引火性ガスの処理に適さない ・相対湿度を下げるために、前処理としてミストセパレーターや調湿ヒーターの設置が必要である ・触媒に寿命があり、定期的に交換する必要がある

表 3.1.1 脱臭技術の概要（つづき）

膜分離	・分子の大きさや形状の差による膜の透過速度の違いにより臭気成分を分離する ・膜の材質によっても透過性は変化する	・比較的臭気濃度が高い場合に適している ・モジュールを使うことで装置がコンパクトになる	
土壌脱臭法	・臭気を土壌中に通気すると，吸着・吸収された臭気成分が土壌微生物により分解される	・低・中濃度臭気の処理に適している ・ランニングコストが安い ・維持管理は比較的容易である	・広い敷地面積が必要である ・乾期には散水が必要である ・土壌の通気性を維持するために土壌表面を耕す必要がある
バイオフィルター法*	・微生物膜が付着した担体を充填した装置に臭気ガスを供給し，微生物により分解する	・中・高濃度臭気の処理に適している ・ランニングコストが安い ・維持管理は比較的容易である	・充填担体の水分量調節のため散水する
バイオスクラバー法	・スクラバー方式の洗浄液として活性汚泥液を用い，臭気成分を生物分解する	・活性汚泥排水処理の余剰汚泥を入手できる場合はメリットが多い ・装置のコンパクト化が可能である	・無機栄養源を供給する必要がある ・循環槽に空気を供給するとともに汚泥の引き抜きあるいは補給を必要とする場合がある
活性汚泥バイオリアクター法	・活性汚泥排水処理の曝気槽に臭気ガスを吹き込み，臭気成分を溶解させて汚泥中の微生物により生分解する	・活性汚泥排水処理施設のある工場では，排水処理とともに脱臭にも併用でき，設備費が安い	・送入ガス流量が限定される ・排水処理に対する影響は少ない
膜バイオリアクター法	・膜分離による分離と微生物による分解を組み合わせ脱臭する	・ガス相と液相が膜により分けられているので，運転と制御がしやすい ・膜により選択的に臭気成分が処理できる	・実績がない
消臭・脱臭剤法	・消臭・脱臭剤を臭気に噴霧し，感覚的に臭気を和らげる	・装置が簡単で経費も安い ・薄い臭気に有効である	・効果が一時的である
希釈・拡散法	・臭気を希釈し，不快と感じられないレベルまで低下させる	・小発生源で低濃度臭気の処理に適している ・メンテナンスが容易で設備費が安い	・煙突による拡散の場合，周辺の住居の立地条件を考慮しなければならない

*バイオトリックリングフィルター法も含む

表3.1.2 臭気発生源の業種と使用されているおもな脱臭技術

業種と臭気発生源	適用されているおもな脱臭技術
畜産農業（豚舎，鶏舎など）	土壌脱臭法，生物脱臭法，吸収法，消臭・脱臭剤法
肥料・飼料製造工場（粉砕，乾燥）	吸収法，生物脱臭法，吸着法，燃焼法，プラズマ脱臭法
食料品製造工場（原料，生ゴミ）	吸収法，吸着法，土壌脱臭法，生物脱臭法，燃焼法，プラズマ脱臭法，消臭・脱臭剤法
ゴム工場（加硫，混練）	吸着法，燃焼法，吸収法，プラズマ脱臭法
木工工場（切断，塗装）	吸着法，燃焼法，吸収法
塗装・印刷工場（塗装，乾燥，印刷）	燃焼法，吸着法，生物脱臭法
鋳物工場（シェル砂混練）	吸着法，吸収法，生物脱臭法
ごみ処理場（ゴミピット，焼却）	吸着法，吸収法，燃焼法，プラズマ脱臭法，消臭・脱臭剤法
し尿処理場（投入，排気）	吸収法，吸着法，生物脱臭法，オゾン脱臭法，消臭・脱臭剤法
コンポスト化施設（原料搬入，発酵）	吸収法，生物脱臭法，土壌脱臭法，吸着法，オゾン脱臭法
クリーニング店（乾燥，排水）	吸着法，凝縮法
飲食店（調理，排水）	吸着法，消臭・脱臭剤法，生物脱臭法
下水処理場	吸収法，土壌脱臭法，生物脱臭法，オゾン脱臭法，プラズマ脱臭法
化製場	吸収法，燃焼法
自動車工場	吸着法，生物脱臭法
半導体工場	吸着法
樹脂工場	吸着法，燃焼法
接着剤工場	吸着法，燃焼法
化学工場	燃焼法

3.1.2 脱臭技術の実績―広く適用されている脱臭技術―

表3.1.2には，臭気発生源の業種で使われているおもな脱臭技術がまとめられている。業種の規模（処理量）により異なるが，吸着法と吸収法が広く適用されている。生物脱臭法も普及している。また，プラズマ脱臭法など最新技術も使われ始めていることがわかる。

3.2 燃焼による脱臭

3.2.1 燃焼脱臭法の分類―臭気物質を燃やして分解する―

臭気物質を燃焼させて分解させる燃焼法は，効率が99％で臭気物質濃度が高くても適用でき，さらに操作もシンプルなため広く使われている。しかし，燃料代や運転コストなどが高く，燃焼により生成する窒素酸化物NO_xやイオウ酸化物SO_xの処理が必要となるなどの短所もある。燃焼法は，直接燃焼法，蓄熱燃焼法，触媒燃焼法の3つに分類される。表 3.2.1 および表 3.2.2 にそれ

表 3.2.1 燃焼脱臭法の概要

	原　理	特　徴	注　意　点
直接燃焼法	排ガスをだいたい700～900℃の温度で燃焼し，臭気成分を酸化分解処理する	・完全燃焼すれば高効率の処理が可能である ・タール，粉塵への許容性が高い ・脱臭効率の経年劣化がない ・イニシャルコストが小さい	・燃料費が高い ・不燃性の溶剤には適応困難である ・ハロゲンなど高温腐食の原因なる物質が一定量以上入っている場合は適応困難である ・燃焼による二次汚染物質の生成に注意が必要である ・酸性ガスが生成する場合は二次処理が必要である
蓄熱式燃焼法	蓄熱材を用いて燃焼熱を蓄えることにより95％以上の熱回収を行い，排ガスを800～900℃の温度で燃焼し，臭気成分を酸化分解処理する	・熱回収率がきわめて高く，ランニングコストが安い ・完全燃焼すれば高効率の処理が可能である ・NO_xの生成が少ない ・広範囲の濃度領域で低燃費処理ができる	・設備が大規模になる ・不燃性の溶剤には適応困難である ・燃焼による二次汚染物質の生成に注意が必要である ・有機シリコン含有排気の処理には不向きである ・蓄熱体の昇温に時間がかかる ・シール部のリークに注意が必要である
触媒燃焼法	白金等の触媒を用いて，排ガスを250～400℃の温度で燃焼し，臭気成分を酸化分解処理する	・直接燃焼法に比べて燃料費が低い ・NO_xの生成が少ない ・電気熱源の使用が可能である	・不燃性の溶剤には適応困難である ・燃焼による二次汚染物質の生成に注意が必要である ・触媒毒，特に有機シリコンに対しては要注意である ・定期的な触媒交換が必要である

表 3.2.2 燃焼脱臭法のコストと効率の比較

	直燃燃焼法	蓄熱燃焼法	触媒燃焼法
脱臭効率	95％以上	98％以上	99％以上
熱効率	50～70％	90～96％	50～60％
CO_2/NO_x の発生	大	小	中
使用温度	700～900℃	800～900℃	250～400℃
燃料消費量	大	小	中
自燃濃度	2,500～3,000 ppm	600～1,000 ppm	1,000～1,500 ppm
適用濃度範囲	高濃度溶剤連続運転	中低濃度溶剤連続運転	中濃度溶剤連続運転
設置面積	大	中	中
イニシャルコスト	小	大	中
ランニングコスト	大	小	中
メンテナンス費用	小		大
特徴	コンパクト・軽量		低温処理

（イニシャル（初期）コスト：燃焼装置の建設費用など）
（ランニング（運転）コスト：プラントを動かすための費用）

〈燃焼脱臭法の適用範囲〉

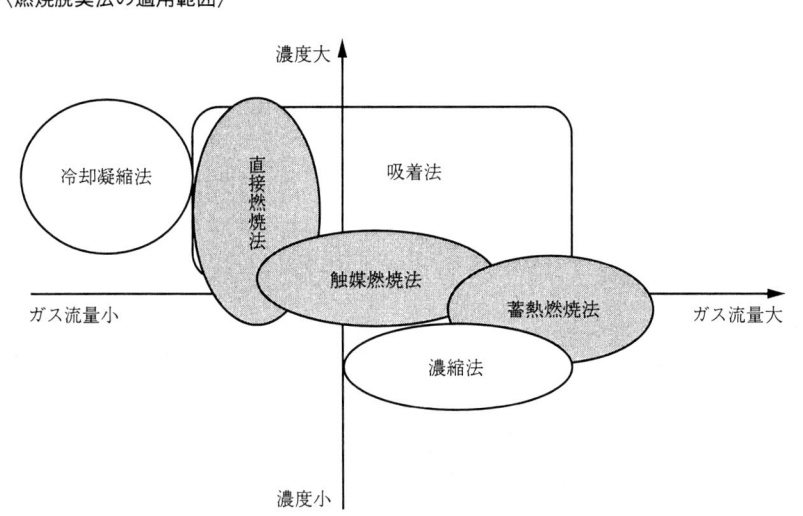

それの処理方法の概要とコストなどの比較がまとめられている。

3.2.2　燃焼脱臭の反応―完全燃焼を目指して―

完全燃焼の場合の燃焼反応は，一般式の形で表わすと（臭気物質の化学式を一般式として $C_xH_yS_zO_w$ と表わす。燃焼つまり酸化反応は，モル分率で O_2 が 0.21，N_2 が 0.79 の空気との反応で表わす），

$$C_xH_yS_zO_w + \left(x + \frac{y}{4} + z - \frac{w}{2}\right)O_2 + \frac{0.79}{0.21}\left(x + \frac{y}{4} + z - \frac{w}{2}\right)N_2$$

$$\rightarrow \quad xCO_2 + \frac{y}{2}H_2O + zSO_2 + \frac{0.79}{0.21}\left(x + \frac{y}{4} + z - \frac{w}{2}\right)N_2$$

となる。**表 3.2.3** に燃焼による物質の分解しやすさがまとめられている。

燃焼法によりほとんどの臭気成分を酸化分解できるが，窒素（空気中にも含まれる），イオウ，塩素，フッ素などを含む物質の場合，燃焼により窒素酸化物（NO_x），イオウ酸化物（SO_x），塩素化合物，フッ素化合物などが生成するため，燃焼装置の後にこれらのガスを処理するための装置を設置する場合もある。

脱臭装置を設計するに当たり，臭気源が 1 ヵ所とは限らない場合が多い。各種設備からの排ガス濃度が高濃度・中濃度・低濃度などおのおのに特性がある場合は，無理に集合させて処理しないように注意する必要がある。濃度の高い

表 3.2.3　燃焼による物質の分解性

有機物質	相対的な分解性
アルコール	分解しやすい ↑
アルデヒド	
芳香族炭化水素	
ケトン	
アセテート	
アルケン	
塩素炭化水素化合物	↓ 分解しにくい

(Schnelle, K. B. and Brown, C. A., "Air Pollution Control Technology Handbook" CRC Press（2002）などより）

部分は直接燃焼式，中濃度は触媒燃焼式，そして低濃度は活性炭による吸着処理というように使い分けをするほうが，かえってランニングコストでメリットが出せる場合もある。

　排ガス中に多量の水分や飽和水蒸気を含有している場合には，直接燃焼式脱臭装置の導入前に前処理を行い，可能な限り除湿する必要がある。水分は気化熱を奪うため，燃焼に余分な熱量が必要となるためである。燃焼炉は内部断熱構造にする必要があり，内部断熱材としては耐熱寿命と装置の軽量化などからセラミックフェルト断熱材を使うことが多い。脱臭装置用バーナーは，燃焼効率だけではなく，完全燃焼に近い燃焼状態が得られるものを選定する必要がある。

3.2.3　直接燃焼法―熱効率が課題―

　直接燃焼法は，臭気物質やVOCsなどを含む排ガスを処理する信頼性の高い方法として古くから行われてきた。この方法が適用できないケースは，技術的な問題ではなく経済的な理由によるものである。ほとんどの有機物質は，750℃以上で自然燃焼し酸化分解される。燃焼装置のほかにフレアスタック（石油精製などの各種プラントにおいて，設備の安全確保上発生する余剰ガスを燃焼処理する設備），既存のボイラーや炉などで燃焼させる場合もある（図3.2.1）。直接燃焼式脱臭装置では，燃焼室において有機物を約700℃以上の高温で燃焼・酸化分解させることにより，これらの臭気物質を無害無臭の炭酸ガスと水（水蒸気）に分解する。臭気物質と酸素および火炎が混合し，臭気物質の発火温度以上に燃焼温度を保持し，滞留時間（臭気物質が燃焼室内に留まっている時間。燃焼反応に必要な時間を意味する）が保てるようになっていれば，臭気成分はほぼ瞬時に酸化分解し脱臭される。触媒を用いないため触媒毒の影響もなく，広範囲の臭気やVOCの処理に適用でき，99％以上の高い脱臭効果が得られる。可燃性の臭気成分に適用でき，脱臭能力は抜群であり，ほかの脱臭法より優れている。しかし，燃料代がかさむため，ランニングコストが高い欠点を持っている。排熱回収装置を備え付け，さらに排ガスの熱の利用方法をシステム化することができれば，ランニングコストを下げることができる。また，燃焼温度が高いため，他方式と比較すると窒素酸化物の排出量が若干多い。

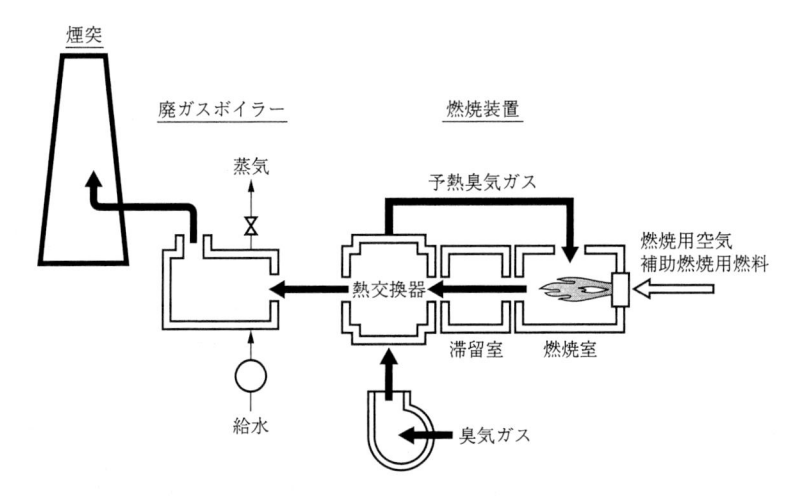

(a) 燃焼装置による燃焼のプロセスフロー

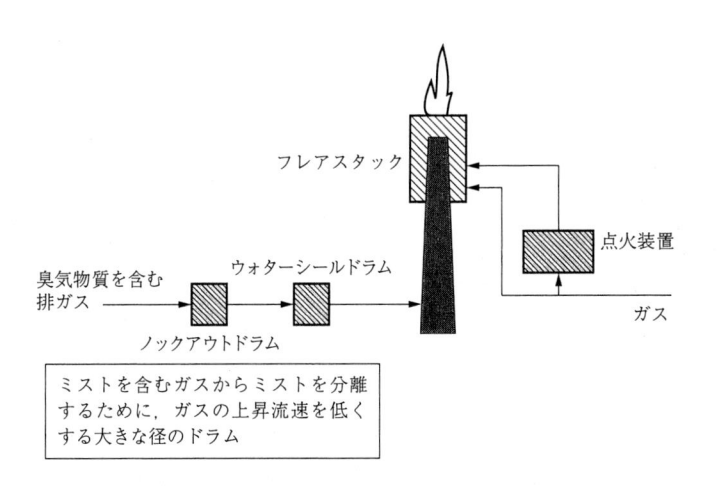

(b) フレアスタックによる燃焼のプロセスフロー
（石油精製をする製油所の煙突の先端から炎が出ている。プラントから発生するガスは可燃性で，毒性もあり，臭いもあるためそのまま煙突から排出すると大気を汚染し，人体にも悪影響を与えてしまう。そのため煙突の先で燃やしてある程度無害化している）

図 3.2.1 　直接燃焼法プロセスの構成例

脱臭の目的のみに使用する専焼脱臭炉として使うのではなく，ボイラーの二次空気として臭気成分を含む排ガスを燃焼させることも多い。**表 3.2.4** に直接燃焼法の長所と短所をまとめた。また，**表 3.2.5** と **表 3.2.6** には，直接燃焼法が適合するケースとしないケースおよび適用業種についてそれぞれまとめてある。

助燃焼には，LNG，LPG などのガス燃料，灯油，A 重油などの液体燃料が一般的に使われる。

表 3.2.4　直接燃焼法の長所と短所

長所	・設備がコンパクトで設備費が安価である ・高い脱臭効率が得られ，信頼性が高い ・脱臭効率の経年低下が少ない（触媒や吸着剤などを使用していないため） ・ほとんどの有機物質の処理が可能であり，汎用性が高い ・臭気発生源の変動（濃度，流量の変化）による脱臭効率の変動が少ない ・メンテナンスが容易であり，定期交換部品などの必要がほとんどない
短所	・燃焼温度が高いためランニングコストが高いので，廃熱の再利用が必要である ・脱臭物質が低濃度で流量が大きい場合には適さない（燃費が高くなるため） ・燃焼温度が高いため，他方式と比較すると窒素酸化物の排出量が若干多い

表 3.2.5　直接燃焼法が適合するケースと適合しないケース

経済的に十分適合するケース	・臭気物質の濃度が高い ・廃熱回収により経済性に問題がない
経済的ではないが技術的に適合するケース（おもに，触媒燃焼法や吸着法は適用できないケース）	・ガス中に煤塵が含まれる ・タールやミストが含まれる ・触媒や吸着剤の化学的被毒物質が含まれる
適合しないケース	・高温腐食の原因になる物質（ハロゲン系物質）が含まれる（炉の耐火材や熱交換器が高温腐食する） ・酸化分解反応により酸性ガスが生成する（二次処理装置が必要になる）

表 3.2.6　直接燃焼法の適用業種

適用業種		
・塗装乾燥設備	・食品加工	・カーボン製造
・塗装ブース	・下水およびし尿処理	・薬品
・グラビア印刷	・生ごみ処理	など
・オフセット印刷	・建材	

(a) 燃焼装置の構造

　直接燃焼装置は，一般的に，燃焼室，滞留室，混合機構（混合を促進する領域），排気筒，送風機，プレヒート熱交換器，廃熱回収装置から構成される（**図 3.2.2，表 3.2.7**）。臭気成分を含むガスを，短時間で効率よく火炎と接触させ，十分に混合させるための混合機構を備えていなければならない。エネル

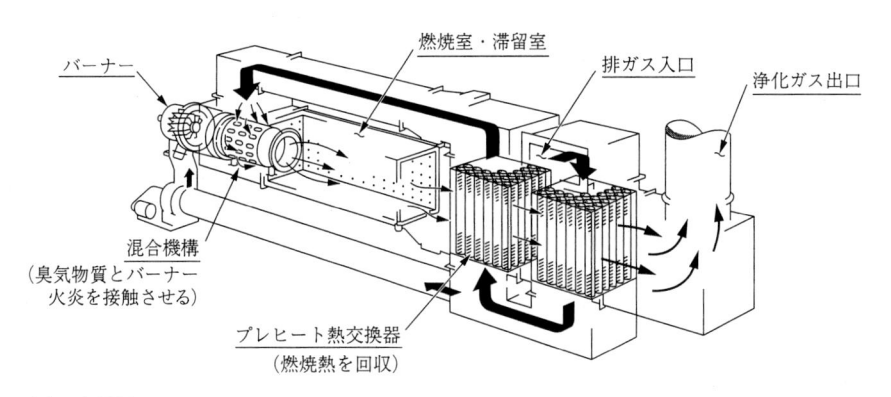

(a) 全体図

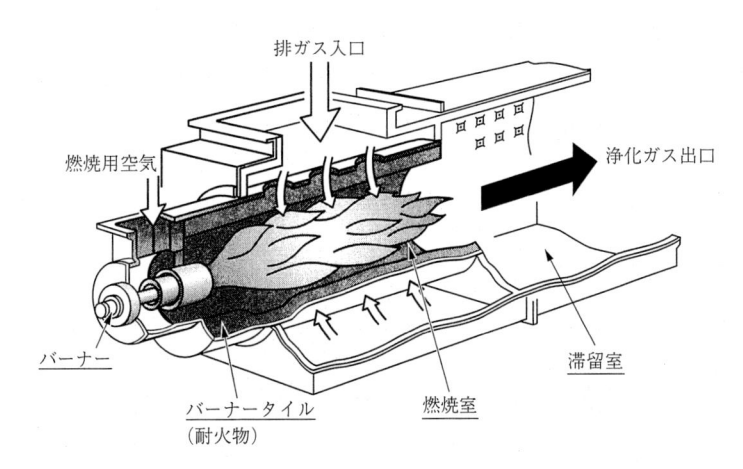

(b) 混合機構の詳細

(Wang, L. K. et al., "Air Pollution Control Engineering", Humana Press（2004）などから作成）

図 3.2.2　直接燃焼式脱臭装置の例

表 3.2.7　直接燃焼脱臭装置の構成と役割

燃焼室	・ガスとバーナーの火炎を十分に接触させ，ガスの発火温度以上にする
混合機構	・十分に混合し，良好な炉内温度分布と均一流動による均一な反応を行わせる
滞留室	・混合機構において十分発火点以上に加熱されたガスが，高温酸化分解され炭酸ガスと水になるのに必要な滞留（反応）時間（0.1～1秒）を確保する ・滞留時間が十分でないと，ガスは完全に分解されずに大気に放出されたり，二次生成物の状態で放出される原因になる ・通常 700～800℃ に保持される。十分な耐熱設計が必要で，耐火材として従来レンガやキャスタブルが使われてきたが，近年は非常に軽く断熱効果が優れているセラミックファイバーを三層張りにして用いる
プレヒート熱交換器	・高温にするための燃料消費量を節減するために設置する。使用される熱交換器には，プレート式，ベアチューブ式およびチューブ式の変形である楕円型で側面にアンジュレーションの付いたものなどがある

ギーコスト低減のためには，できる限り低い温度で酸化反応を行わせるような滞留時間と混合機構を工夫する必要がある。

燃焼室と滞留室の構造と材質およびバーナーの性能などはメーカーによって異なる。バーナーはガンタイプの短炎の高圧噴霧バーナーが使われることが多い。火炎は輝炎と呼ばれる最も輻射効果の高い状態（炎の表面温度が1,500℃以上）で使用する。バーナーの絞り比は大きくしたいところであるが，ガス燃料で1：20，灯油で1：10が上限に近いと言われている。小型脱臭装置では，ガス燃料では1：20，液体燃料では1：5が一般的である。

(b)　燃焼条件

臭気物質の組成や濃度により，燃焼炉の温度と滞留時間（臭気成分が炉内で燃焼している時間に相当する。燃焼炉体積をガスの体積流速で除して求める）が異なるが，温度が700～800℃で滞留時間が0.5秒程度である。臭気物質の最低着火温度以上で酸化燃焼させる。不完全燃焼の場合，臭気物質が完全に酸化分解しないため副生成物が生成し，それが異なる臭気成分となる場合もある。完全燃焼により臭気物質が完全に酸化分解するよう注意して燃焼装置を設計しなければならない。塩化有機物を分解する場合の温度は1,100℃程度である。

燃焼において，3Tで表わされる重要な要素Temperature（温度），Time（時間），Turbulence（乱れ；混合）がある（**表3.2.8**）。

耐熱設計が必要で，耐火材としてセラミックスファイバーの三層張りなどが用いられる。セラミックスファイバーは，従来のレンガやキャスタブル（耐火物として代表的なアルミナなどを主成分としたものに骨材を混ぜたもの）に比べ，非常に軽くかつ断熱効果に優れている。ひび割れや脱落も少ない。

燃料消費量を節減するためのプレヒート熱交換器も重要な役割を果たしている。直接燃焼法で脱臭効率が上がらない場合の原因の多くは，プレヒート熱交換器のリークであると言われている。

表3.2.8　燃焼における重要な要素3T

処理温度（Temperature）	通常650〜800℃で処理する。処理する成分の発火温度により選定する
滞留時間（Time）	ガス成分により異なるが，通常は0.3〜1.0秒程度
混合（Turbulence）	短時間で効率的に臭気ガスを火炎と接触させ十分に混合させなければならない

表3.2.9　代表的な臭気物質の沸点と爆発下限界LEL

臭気物質	沸点（℃）	LEL（vol%）	燃焼熱（kJ/mol）
アンモニア	−33.4	15	382.6
硫化水素	−59.6	4.0	562.6
アセトアルデヒド	20.2	4.0	1,192
酢酸エチル	77.1	2.2	2,247
トルエン	110.6	1.2	3,948
スチレン	145.8	1.1	4,383
キシレン（m-）	139.3	1.1	4,556
エタノール	*78.4*	*3.3*	*1,371*
エチルエーテル	*34.5*	*1.9*	*2,728*
ホルムアルデヒド	−21	7.0	561.3
アセトン	*56.3*	*2.6*	*1,787*
メチルエチルケトン	*79.6*	*1.9*	*2,438*
フェノール	182.2	1.5	3,065

（イタリック表記の物質は悪臭防止法指定22物質ではない）

LEL（爆発下限界）の25%を超えない範囲で，できるだけ濃縮してから燃焼させると経済性を高くすることができる．LEL 25%以下という基準は，米国NFPAが安全性の確保をするうえから明示している濃度の数値である（**表3.2.9**）．

3.2.4　蓄熱式燃焼法—熱効率を改良—

　蓄熱式燃焼法は，直接燃焼法（図3.2.2に示すように直接燃焼法でもプレヒート熱交換器により燃焼熱を排ガスの予熱に使っているが）の燃料消費量を改善する方式の燃焼脱臭法である．燃焼による脱臭後，高温の排ガスを高い熱交換効率を持つ蓄熱体（金属やセラミック）を通すことにより排ガスの持つ熱量を蓄熱体に吸収させ，その熱で燃焼室に入る前の排ガスを昇温させて燃焼室で脱臭する．処理温度800～1,000℃で処理する直接燃焼法と組み合わせた燃焼蓄熱法と，200～400℃で処理する触媒燃焼法（後出本章の3.2.5）と組み合わせた触媒蓄熱法がある．

　蓄熱式燃焼法は，蓄熱材による熱交換により95%の熱回収を行える経済的な優れた脱臭法である．さらに，処理ガスの廃熱を，蒸気，温水，熱風回収などの廃熱回収システムと組み合わせることにより，省エネ運転を可能にしている．強力な酸化作用で高い脱臭効率を発揮する蓄熱燃焼法だが，イニシャルコスト，ランニングコスト，設置スペース等の導入に際してクリアしなければならない問題がある．

　表3.2.10と**表3.2.11**には蓄熱式燃焼法の長所と短所および蓄熱式燃焼法が適合するケースとしないケースがそれぞれまとめてある．**表3.2.12**には適用業種についてまとめてある．

(a)　蓄熱式燃焼装置

　図3.2.3に蓄熱式燃焼法の燃焼装置の例が示されている．装置は多室に分かれており，特殊な回転弁により連続的に排ガスを上昇流と下降流に切り替える．蓄熱燃焼式の装置の上部では，加熱器により約800℃に温度制御されている．排ガスは上昇しながら蓄熱材から熱を得て昇温し，臭気物質は上昇部の高温で

表 3.2.10 蓄熱式燃焼法の長所と短所

蓄熱方式	長　　所	短　　所
燃焼蓄熱式	・熱交換効率が良く（85～95%。直接燃焼法で60～70%，触媒燃焼法で50～65%程度），燃料消費量が節約できる ・排ガス流量が大きくても適用可能である ・蓄熱材の寿命が半永久的である（蓄熱体としてセラミック製または耐熱性の小石を使用） ・保守管理が容易 ・NO_x発生量が少ない（助燃料の使用量が少なく，局所高温燃焼にならない）	・一般的に設備が大きい（セラミック蓄熱体の場合高さが高くなる） ・設備重量が重い ・立上げ時に昇温に時間がかかる（蓄熱体が充填されているため） ・切り換えダンパーにヤニやタールなどの付着が起きやすい ・ダンパー切り換え時に装置内圧力の変動が起きやすい
触媒蓄熱式	・熱交換効率が良く（85～95%），燃料消費量が節約できる ・排ガス量の少ないケースにも適用できる ・炉内温度は200～400℃であり，燃焼蓄熱式に比べて燃料消費量が少なくてすむ ・NO_x発生量が少ない	・触媒毒成分を含むガスの処理はできない ・立上げ時に昇温に時間がかかる（蓄熱体が充填されているため） ・切り換えダンパーにヤニやタールなどの付着が起きやすい ・ダンパー切り換え時に装置内圧力の変動が起きやすい

表 3.2.11 蓄熱燃焼法が適合するケースと適合しないケース

燃焼蓄熱式	適合するケース	・ガス流量が大きく，臭気物質が低濃度（熱交換効率が高いため） ・連続運転の可能なプロセスからの排ガス（長期間の稼働停止があると昇温に時間がかかる）
	適合しないケース	・ヤニ，タールなどが多量に含まれている ・無機物，煤塵などが多い ・設置スペースが十分に取れない ・ダンパー切り換え時の圧力損失がある
触媒蓄熱式	適合するケース	・臭気成分中に自燃分が少ない低濃度の排ガス ・設置スペースが小さい
	適合しないケース	・触媒毒成分を含む排ガスの処理 ・臭気成分の濃度が高く，自燃成分が多く含まれる ・ダンパー切り換え時の圧力損失がある

表3.2.12　蓄熱式燃焼法の適用業種

適用業種		
・塗装（特に自動車塗装）	・オフセット印刷機	・プラスチック二次加工
・有機化学工場	・鉄およびアルミ鋳物	・半導体
・グラビア印刷機	・食品加工	・石油精製　　など

酸化分解され，次に下降しながら蓄熱材に熱を与えて冷却されて排気される。上昇流から下降流に切り替えるとき，下部に滞留している未処理の臭気物質は浄化ガスに混入しないように清浄ガスでパージする。蓄熱体には，触媒や活性炭のような経年劣化がなく，交換メンテナンスなどの費用が抑えられるものが使われる。

　蓄熱燃焼法には，ロータリーバルブ式，タワー式，水平式などの方式がある。最近の蓄熱燃焼法の主流は，ロータリーバルブ式（図3.2.3(b)）である。ロータリー弁（入口側）から押込みファンで排ガスは送入される。セラミック製ハニカム形状の蓄熱床予熱チャンバーで700℃程度まで昇温される。バーナーゾーンでは，補助燃料バーナーの熱により800～1,000℃に加熱され，臭気物質は燃焼し酸化分解される。燃焼したガスは熱回収チャンバーを昇温させた後，ロータリー弁（出口側）から排出される。排出温度は熱回収により150～200℃以下にまでになる。

　蓄熱材としては，できるだけ圧力損失がない熱伝達率のよいものを選択する。セラミック製サドル形のものが多い。コスト的に安く耐熱性のある小石を使用することもある。なお，蓄熱体は触媒や活性炭とは違い経年劣化しないため，装置寿命がある間は交換の必要はない。断熱材としては，セラミックファイバー系断熱材が多く使われている。蓄燃焼熱での蓄熱体充填床に触媒層を加えたのが触媒蓄熱式である（図3.2.3のオプションとなっている装置上部に触媒層を加える）。白金などの触媒により低温燃焼が可能になり，燃料を大幅に削減できる。排ガスは予熱チャンバーで昇温され，触媒層を経てヒーターのある燃焼室に入り，触媒酸化温度以上に加熱されてから触媒燃焼部で酸化分解され，燃焼熱を蓄熱部で回収された後浄化ガスとして排出される。

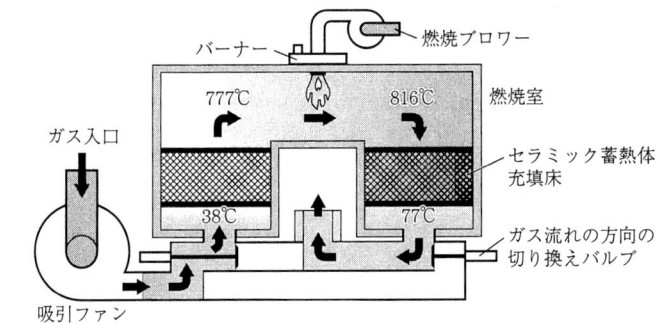

(a) 水平式蓄熱燃焼法

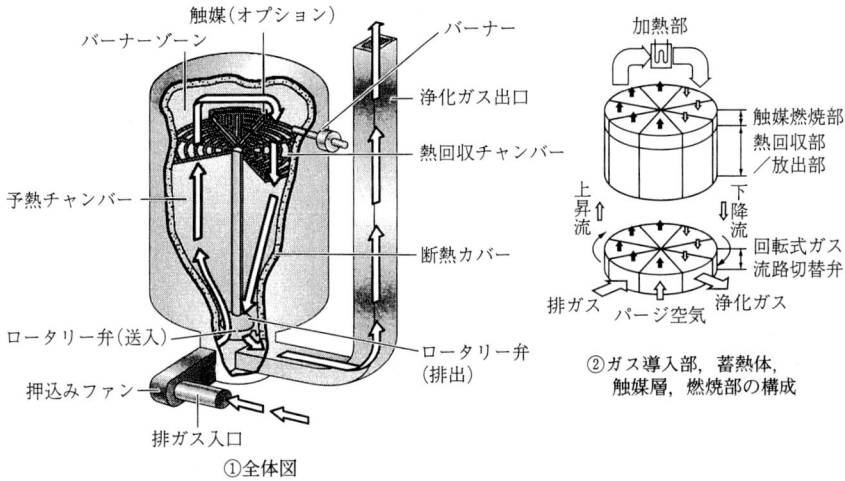

(b) ロータリーバルブ式蓄熱燃焼法

1）排ガスは，ロータリーバルブのガス入口を通して押込みファンにより蓄熱されたセラミックス製ハニカムブロックの予熱チャンバーに供給され昇温される（蓄熱された蓄熱層（熱回収チャンバー）は逆に放熱冷却される）
2）蓄熱層（予熱チャンバー）を出るガスは，含有される有機物の種類および含有量により異なるが，多くの場合700℃程度まで昇温され，バーナーゾーンに供給される
3）昇温された処理ガスは，ごくわずかの補助燃料のバーナー追い炊きで800〜1,000℃条件下で焼却処理される。含有有機物は99％以上分解される
4）燃焼ガスは，放熱冷却されたセラミック製ハニカムブロックの熱回収チャンバーに供給され，保有する顕熱が蓄熱体に蓄熱回収された後，ロータリーバルブの排ガス出口から大気に放出される
5）次の新たな排ガスは，ロータリー弁の切り替えにより，蓄熱された別の蓄熱層に供給されて昇温される。このように，排ガスは順次蓄熱された蓄熱層に供給され，昇温，焼却，放熱冷却された後，煙突から大気に排出される

(Schnelle, K. B. and Brown, C. A., "Air Pollution Control Technology Handbook" CRC Press (2002) などより作成)

図 3.2.3　蓄熱式燃焼装置

3.2.5 触媒燃焼法—より高い効率を求めて—

ヒーターと貴金属メタルハニカム触媒（白金系，パラジウム系，鉄・マンガン系など）を組み合わせることにより，直接燃焼法に比べて比較的低温（250〜400℃）で臭気ガス（有機有害物質）を燃焼・接触酸化分解させて無臭・無害化する方法である。火炎は生成しない。**表 3.2.13** に触媒燃焼法の長所と短所がまとめられている。

表 3.2.14 には触媒燃焼法の適用業種についてまとめてある。

表 3.2.15 には触媒燃焼法における物質の着火温度が示されている。触媒のない場合の発火温度よりかなり低い温度で酸化分解が起こることがわかる。

(a) 触媒酸化燃焼装置

図 3.2.4 に触媒酸化燃焼装置の例を示す。

臭気物質を含む排ガスを，ハニカムタイプ白金触媒などの使用により，200〜350℃の低温で酸化分解する処理方法である。高い除去効率で，かつハニカ

表 3.2.13 触媒燃焼法の長所と短所

長所	・高い脱臭効率が得られ，信頼性も高い ・燃焼温度が低いため，ランニングコストが低い ・触媒反応熱の発生があり，ランニングコストを削減できる ・低 NO_x が可能
短所	・被毒性物質（触媒を劣化させる物質）の混入により，前処理材の設置などが必要 ・排ガス成分による，触媒劣化に対する触媒の洗浄などのメンテナンスコストがかかる ・触媒が高価なため，イニシャルコストが高くなる ・触媒反応熱による耐熱対策が必要

表 3.2.14 触媒燃焼法の適用業種

適用業種		
・塗装乾燥設備	・グラビア印刷機	・生ごみ処理
・塗装ブース	・オフセット印刷機	・医薬品製造
・有機化学工業	・食品加工	など
・石油化学工業	・し尿処理	

表 3.2.15　触媒燃焼の着火温度の例

(使用する触媒によって触媒着火温度は変わる。ここに示した温度はあくまでも目安である)

物　質	無触媒発火温度（℃）	触媒着火温度（℃）
キシレン	464〜551	130〜135, 280
酢酸エチル	486, 610	195〜205
トルエン	540〜810	130〜135, 270
アンモニア	651	270
ブタノール	359〜503	110〜120
アセトン	*538〜727*	*130〜135*
フェノール	*715*	*140〜145*
メチルエチルケトン	*505, 514*	*100〜110*

(イタリック表記の物質は悪臭防止法指定22物質ではない)

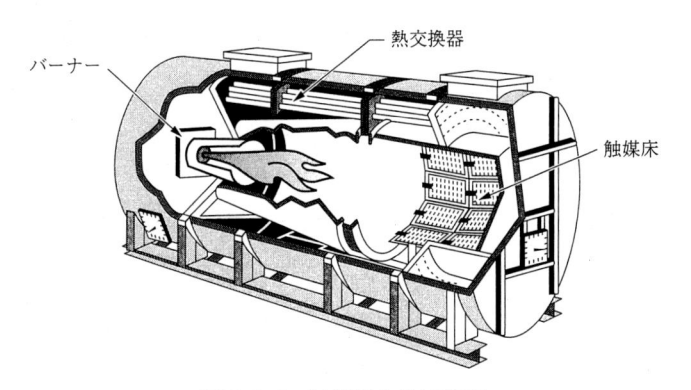

図 3.2.4　触媒酸化燃焼装置

ムタイプの触媒を採用することでコンパクトな設計が可能である。低温酸化のため低 NO_x 発生である。もちろん，廃熱利用は可能である。

(b)　貴金属触媒と触媒担体

　触媒の形状には，ハニカム状のほかに粒状，リボン状，発泡金属などがある（**図 3.2.5**）。触媒には白金，パラジウム，ルテニウム，ロジウム，銀などの貴金属やそれらの硝酸塩や塩化物が使われ，メタルハニカム，セラミックハニカム，ボールペレットなどの構造体に担持して使用される。触媒担体の材料はア

担持形状	ボールペレット[1]	セラミックハニカム	発泡金属[2]	メタルハニカム[1]
写真			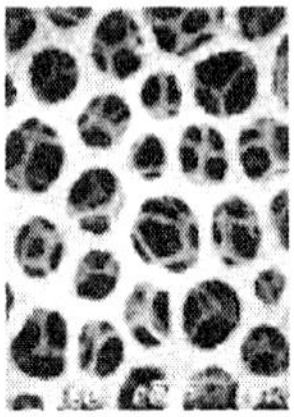	

- 触媒は，臭気成分を効率よく反応させるために，白金やパラジウムなどの触媒作用を持つ物質を担体に担持させてできている
- 球状は単価としては安価であるが，圧力損失が大きいため通過面積（装置径）が大きくなる。触媒毒含有のガスに対する適応性は優れている。触媒の流動が発生するため，粉砕や粉化などの問題が発生する場合がある
- ハニカム形状は圧力損失が少なく通過ガス流速を速くできるので，触媒槽を小型にできる。担体は高価になるが触媒の使用量は少なくなる。担体に金属を使用しているハニカムタイプもあり，耐衝撃性に優れている
- 発泡金属の圧力損失は球状とハニカムの中間程度で，担体が金属のため衝撃に強く取り扱いが容易である。ただ，セラミックスに比べ高温には弱い面があるため，設計や使用上で考慮が必要である

(a) 触媒の形状

(b) 触媒形状による特性の比較（3種類の相対的比較）

担持形状（担体）	ボールペレット（アルミナ）	発泡金属（多孔質ニクロム合金）	メタルハニカム（コージライトアルミナ）
処理効率	低い	高い	中程度
ガス流速	速くできない	中程度	速くできる
コンパクト化	困難	中程度	可能
触媒の価格	安価	中程度	高価
耐機械衝撃性	中程度	強い	弱い
耐熱性	中程度	弱い	強い

1) 田中貴金属販売(株)ホームページ (http://www.tanaka.co.jp/products/shokubai/advantage/)
2) 三菱マテリアル(株)ホームページ (http://www.mmc.co.jp/alloy/products/happou/index.html)
などより作成

図 3.2.5 触媒の形状

ルミナ，ムライト，コージェライトなどのセラミックス材料である。一般には，安価で耐熱衝撃性，耐高温性に優れたアルミナが広く用いられている。アルミナ担体は非常に高い温度1,000℃以上になると減耗し表面積が減少し始めるが，触媒燃焼温度は比較的低いため十分な耐熱性を持つ。

　触媒式脱臭装置のシステム構成は，まず排ガスを誘引しフィルターにてダストを除去する。臭気ファンにて昇圧し，熱交換器で臭気ガスを予熱してバーナーあるいは電気ヒーターなどの加熱器で反応に必要な所定温度まで加熱する。加熱されたガスは触媒を通過する間に燃焼（酸化分解）される。接触燃焼による反応熱を熱交換器における予熱に使った後排気ダクトにより大気に放出される。

　触媒を用いるため，臭気物質の固有の発火温度より低い温度で酸化分解が起こり，発熱量が大きく，完全燃焼しやすくかつNO_xなどが生成しない。表3.2.15に触媒を用いた場合と用いない場合の酸化分解温度が示されている。

　触媒活性が高い貴金属触媒（白金，コバルト，ニッケル）の採用で装置をコンパクトにすることが可能になった。白金などの貴金属触媒と電気ヒーターを使用することにより，約300℃程度の予熱で直接燃焼同様の酸化分解が行われる。触媒燃焼法は，ランニングコストが安く，触媒活性が高いので装置をコンパクトにできる。酸化分解の温度が比較的低温のため，窒素酸化物の発生は直接燃焼に比較して少ない。

　臭気物質やVOCを含んだ各種排ガスは，触媒燃焼により低温で完全に脱臭される。臭気ガスは所定の温度まで加熱されたあと触媒層に導かれ，そこで臭気物質は接触酸化分解して無害無臭の炭酸ガスと水とになる。直接燃焼法が750℃まで加熱する必要があるのに対して，触媒燃焼法は触媒の自燃作用により200～350℃で脱臭が可能なため，燃料消費を大幅に削減できる。乾燥炉排ガスのようにVOC濃度の高い排ガスの場合，燃料消費により発生する燃焼熱を回収することにより，補助燃料をまったく使用しない自燃運転が可能になる。この処理法の最大のメリットは，直接燃焼法に比べて燃料消費量が少ないため，ランニングコストがはるかに安いことである。省エネルギーの観点から優れた脱臭操作の一つであり，広く適用されている。高価で活性の高い触媒を使用す

表 3.2.16　触媒燃焼法の貴金属系触媒に対する触媒毒

被毒の形態	被毒	被毒物質	防止策	処理法
一時被毒 (タール, 塩素 Cl, 臭素 Br, フッ素 F, カリウム K, ナトリウム Na など)	・触媒の表面に付着し見かけの活性を阻害する ・担体と化合して担体組成を変化させる	・物理的被毒(塵埃, さび, 土泥)	・フィルター処理	・洗剤で洗浄
		・物理的吸着する被毒(タール, 高分子物質)	・同一支持体(ダミー触媒)を前置きする ・凝縮法による前処理を行う ・ガス導入時, 反応開始時と終了時の昇温を維持する	・高温加熱処理
		・化学的被毒(塩素, 臭素, フッ素, カリウム, ナトリウムなど)	・適格な温度に維持する	・発生源の除去
永久被毒 (イオウ S, リン P, ケイ素 Si, ヒ素 As, 鉛 Pb, スズ Sn, アンチモン Sb, 亜鉛 Zn, 水銀 Hg など)	・担体と硫化物などを生成し担体組成を変化させる ・触媒の表面に付着し細孔をふさぎ, 触媒の表面積を減少させ, 触媒活性を減少させる	・化学的被毒(イオウ, リン, ケイ素, ヒ素, 鉛, スズ, アンチモン, 亜鉛, 水銀)	・吸着法による前処理を行う	・交換
		・構造的被毒	・700℃以上にしないように温度制御する	・交換

るので，その寿命が問題である。塩素などのハロゲン元素，鉛，亜鉛，ヒ素，水銀などが触媒毒となる。触媒毒には触媒の活性を一時的に失活させるものと永久に消滅させるものがある（**表 3.2.16**）。排ガス中に触媒毒が含まれている場合は事前に除去する方法が最も確実な方法である。

3.3　吸収による脱臭

3.3.1　吸収脱臭法の分類—臭気成分を液に溶解させて除去する—

臭気ガスや有害ガスの除去法として広く用いられている技術である。臭気物質を含むガスを液体と接触させ，ガスに含まれている臭気物質を液中に物理的

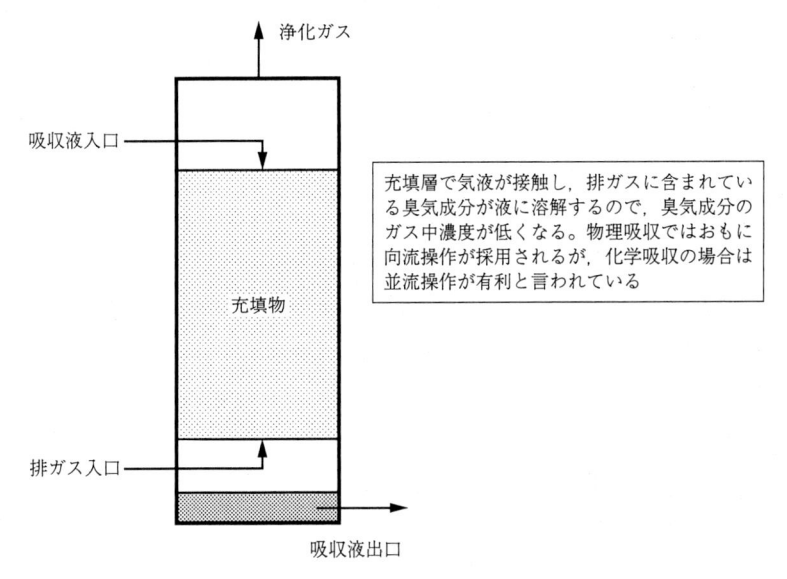

図3.3.1 吸収法による脱臭（向流充填塔）

図中の説明：
- 浄化ガス
- 吸収液入口
- 充填物
- 排ガス入口
- 吸収液出口
- 充填層で気液が接触し，排ガスに含まれている臭気成分が液に溶解するので，臭気成分のガス中濃度が低くなる。物理吸収ではおもに向流操作が採用されるが，化学吸収の場合は並流操作が有利と言われている

に溶解あるいは化学反応により選択的に吸収させる処理法である（**図3.3.1**）。脱臭技術の分野で薬液洗浄法と呼ばれる処理は化学吸収であり，溶解した臭気成分と薬液中の化学成分との反応が起こる。物理吸収（吸収液に水が使われるので水洗法とも呼ばれる）ではこのような反応は起こらない。

アンモニア，硫化水素，メチルメルカプタン，トリメチルアミンなどには有効な脱臭法である。しかし，有機溶剤，アルデヒド類，低級脂肪酸などの脱臭には洗浄法は向いていない。それらは，一般的には燃焼法や吸着法で処理する。**表3.3.1**に吸収脱臭法の特徴をまとめた。

なお，高価な溶剤（薬液）を再利用する場合あるいは吸収された溶質を処理する必要のある場合（吸収液をそのまま河川などに排出できない場合），ガス吸収のまったく逆の操作で吸収液から溶質を放散しなければならない。その場合の吸収塔と放散塔から構成されるプロセスフローを**図3.3.2**に示す。

表 3.3.1　吸収脱臭法の特徴

長所	・脱臭効果が安定している ・処理ガス濃度，ガス温度，ガス流量などの変化に対する融通性がある ・高濃度，高温，ミストを含む系にも適用できる ・設備費が比較的安い ・圧力損失が比較的小さく，運転費が安価である
短所	・洗浄廃液の処理が必要である ・薬液洗浄の場合，安全性や装置の腐食が問題となる ・計器類の点検，校正をやや頻繁にする必要がある

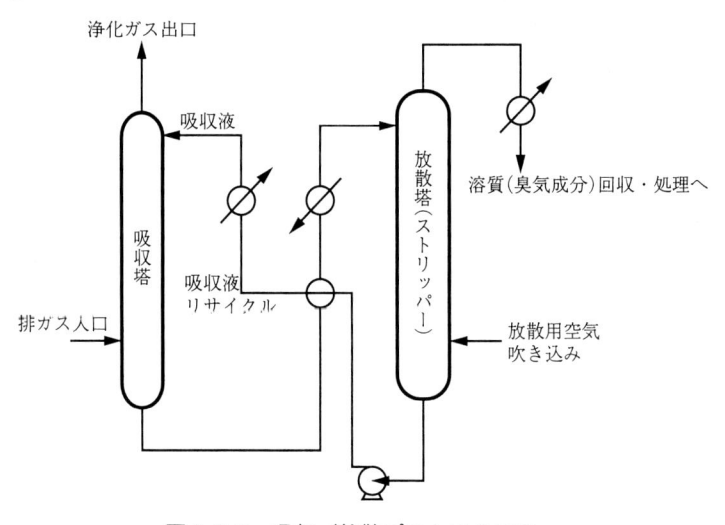

図 3.3.2　吸収／放散プロセスのフロー

3.3.2　ガス吸収のメカニズム―気体の溶解：ヘンリーの法則―

(a)　ガス溶解度

　ガス吸収法で最も重要な物性はガスの溶解度である。表 2.1.2 には悪臭防止法における特定悪臭物質の水に対する溶解度（水 100 g に溶ける量）が示されている。ガスの溶解度を表わすのにヘンリーの法則がよく使われる。溶解度の小さい場合，気相濃度 C_g（mg/L）と液相濃度 C_l（mg/L）の間に直線関係が成り立つことが知られている。

$$C_g = HC_l$$

表3.3.2 水に対するヘンリー定数

物質名	ヘンリー定数 H （無次元）
硫化水素	0.92
トルエン	0.25
アンモニア	0.0005
イソブタノール	0.001
スチレン	0.11
キシレン（m-）	0.30
プロピオンアルデヒド	0.0024
ベンゼン	*0.22*
エタノール	*0.0012*
ジエチルエーテル	*0.028*
メチルエチルケトン	*0.0024*
アセトン	*0.00159*
フェノール	*0.0000163*

（イタリック表記は悪臭防止法における特定悪臭物質ではない）
(Shareefdeen, Z. and Singh, A. Ed., "Biotechnology for Odor and Air Pollution Control", Springer (2008) などより作成)

この関係がヘンリーの法則で，比例定数 H はヘンリー定数（無次元）と呼ばれる。ヘンリー定数が小さいほどガスが液体に溶けやすいことを表わしている。**表3.3.2**にいくつか気体のヘンリー定数の値を示した。一般に，ヘンリー定数は温度が高くなるほど大きな値をとなる（溶解度が減少する）。溶解度が大きい場合や圧力や濃度が高い場合には，ヘンリーの法則は成立しなくなる。ただし，ヘンリーの法則が成立しないと何か特に不都合があるわけではない。

(b) 臭気成分の物質移動と反応

吸収塔の中では，ガスは液と接触し，ガス相中に含まれる臭気物質は液相側に溶解する。その過程は，気相側から気液界面を通しての液相側への物質移動である（**図3.3.3**）。アンモニア，塩化水素，フッ化水素，ホルムアルデヒドなどのガスは物質が変化することなく水に溶解する。吸収物質が液相に反応することなく溶解するのが物理吸収である。溶解したガスの一部が加水分解によ

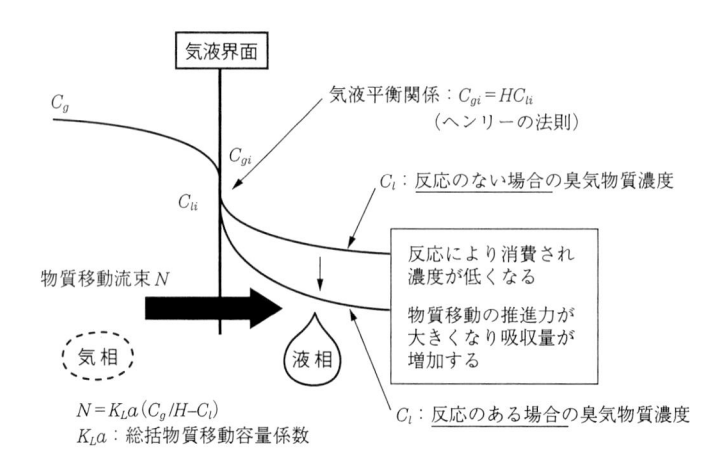

図中ラベル:
- 気液界面
- 気液平衡関係：$C_{gi} = HC_{li}$（ヘンリーの法則）
- C_g
- C_{gi}
- C_{li}
- C_l：反応のない場合の臭気物質濃度
- 物質移動流束 N
- 反応により消費され濃度が低くなる
- 物質移動の推進力が大きくなり吸収量が増加する
- 気相
- 液相
- $N = K_L a (C_g/H - C_l)$
- $K_L a$：総括物質移動容量係数
- C_l：反応のある場合の臭気物質濃度

一般に，気相側の物質移動抵抗は液相における物質移動抵抗に比べて小さいため（$C_g \approx C_{gi}$と近似できる），気液界面の物質移動は液相における物質移動抵抗が支配していると考えられる。つまり，臭気物質の溶解速度は，溶相中の物質移動の推進力である濃度差（$C_{li}-C_l$）に比例すると考えられる。ただし，気液界面における液相濃度C_{li}は測定できないので，実際のガス吸収装置の設計においてはその値として気液平衡関係を使って求められる気相本体の濃度C_gに平衡な濃度C_l^*を使用する（例えば，ヘンリーの法則が成り立つ場合は，$C_l^* = C_g/H$）

図 3.3.3　ガス吸収（溶解：気—液界面を通しての物質移動）のメカニズム

ってイオンに解離する場合もあるが，物理吸収として取り扱うことも多い。

化学吸収（薬液洗浄）の場合，気相から溶け込んだ臭気物質は液相の物質と反応する。そのため，液相における臭気物質濃度C_lは反応により減少し，物質移動の推進力である濃度差が増大するので，その結果として溶解速度が大きくなる（図3.3.3）。

表3.3.3にガス吸収法の分類とそれぞれの特徴をまとめた。

表3.3.4は悪臭防止法における特定悪臭物質について適用できる吸収法をまとめたものである。

3.3.3　化学吸収（薬液洗浄）
　　　　―液相での化学反応が溶解速度を速くする―

亜硫酸ガス，塩化水素，塩素などのガスが液体と接触し，溶解して液相中の化学物質と反応するのが化学吸収である。液相中の化学反応により臭気物質の

表3.3.3 吸収法の分類

	原理	特徴	適用臭気物質	備考
水洗法	臭気成分を水に溶解吸収させる	・装置が簡単で設備費が安価である ・ミスト,ダストも同時除去できる ・ガスの冷却効果がある ・大量の水を必要とする	アンモニア,低級アミン,低級脂肪酸,メタノール,エタノール,イソプロピルアルコール,アセトン	・前処理として用いられることが多い ・排水からの臭気に注意が必要である ・水質,水温,所要水量のチェックが重要である
中和法	臭気成分を酸あるいはアルカリに中和反応により吸収させる	・設備費,運転費が比較的安価である ・ミスト,ダストも同時除去できる ・ガスの冷却効果がある ・使用水量が水洗法に比べて少ない ・排水処理が必要である ・薬液濃度の調整が厳密である場合が多い	・酸洗浄:アンモニア,アミン ・アルカリ洗浄:硫化水素,メルカプタン	・pHの調整が重要である ・薬液(酸,アルカリ)を使うので安全性や装置の腐食について対策が必要である
湿式酸化法	臭気成分を酸化剤($NaCl$, H_2O_2, ClO_2, $KMnO_4$, O_3など)の水溶液中に吸収させ酸化分解させる	・設備費,運転費が比較的安価である ・ミスト,ダストも同時除去できる ・ガスの冷却効果がある ・広範囲の臭気に効果がある ・使用水量が水洗法に比べて少ない ・排水処理が必要である ・薬液濃度の調整が厳密である場合が多い ・酸化剤の供給量が過剰の場合出口ガスに薬品臭が残る	硫化水素,メルカプタン,アンモニア,アミン,硫化メチル,二硫化メチル,アルデヒド	・pHの調整が重要である ・薬液(酸,アルカリ)を使うので安全性や装置の腐食について対策が必要である
その他	還元剤(Na_2SO_3, $NaHSO_3$, $Na_2S_2O_3$など)の水溶液,有機溶剤,活性炭懸濁液に吸収させる	・複合臭気に対して酸やアルカリの場合2,3種類の薬液が必要であるが,1液で脱臭可能な場合が多く,設備費が低減できる ・運転費が大きくなる場合がある ・有機溶剤を洗浄液として使用する場合,経済性と安全性で問題がある	・還元剤による吸収分解は,アルデヒド類の脱臭に有効である ・水に不溶な溶剤臭には有機溶剤を洗浄液として使用する ・活性炭スラリー(NaOH水溶液に活性炭を混合)はNaOHだけでは除去しにくいメチルメルカプタン類,硫化メチル,二硫化メチルなどの除去に有効である	

表 3.3.4 吸収法の適用性

物質名＼吸収液	水	酸	アルカリ	酸化剤
塩基性系統悪臭物質				
アンモニア	○	○	×	○
トリメチルアミン	△	○	×	△〜○
酸性系統悪臭物質				
メチルメルカプタン	×	×	△	○
硫化水素	△〜×	×	○	○
プロピオン酸	△〜×	×	△〜×	○〜△
ノルマル酪酸	△〜×	×	△〜×	○〜△
ノルマル吉草酸	×	×	△〜×	○〜△
イソ吉草酸	×	×	△〜×	○〜△
中性系統悪臭物質				
硫化メチル	×	×	×〜△	○
二硫化メチル	×	×	×〜△	○
アセトアルデヒド	△〜×	×	×	△
プロピオンアルデヒド	△〜×	×	×	△〜×
ノルマルブチルアルデヒド	△〜×	×	×	△〜×
イソブチルアルデヒド	△〜×	×	×	△〜×
ノルマルバレルアルデヒド	×	×	×	△〜×
イソバレルアルデヒド	×	×	×	△〜×
イソブタノール	△〜×	×	×	△〜×
酢酸エチル	△〜×	×	×	×
メチルイソブチルケトン	×	×	×	×
トルエン	×	×	×	×
スチレン	×	×	×	△〜×
キシレン	×	×	×	×

(○：適，△：やや不適，×：不適)

(檜山和成「実例にみる脱臭技術」，工業調査会 (1999) を参考に作成)

吸収速度は速くなる。臭気物質を中和反応により塩類の形で吸収（洗浄）液中に取り込み保持する方法と酸化分解反応により脱臭する処理法がある（表3.3.3）。液相に使う薬液としては，硫酸（H_2SO_4），塩酸（HCl），苛性ソーダ（NaOH），炭酸ソーダ（Na_2CO_3），次亜塩素酸ナトリウム（NaClO），過マンガン酸カリウム（$KMnO_4$），過酸化水素（H_2O_2），臭化ソーダ（NaBr），チオ硫酸

表3.3.5 化学吸収における反応

ガスの分類	臭気物質	薬液	反応
塩基性	アンモニア	硫酸（中和：酸洗浄）	$2NH_3 + H_2SO_4 \rightarrow (NH_4)_2SO_4$
		次亜塩素酸ソーダ（酸化剤）	$NH_3 + NaClO \rightarrow NH_2Cl + NaOH$
	トリメチルアミン	硫酸（中和：酸洗浄）	$2(CH_3)_3N + H_2SO_4 \rightarrow [(CH_3)_3NH]_2SO_4$
		次亜塩素酸ソーダ（酸化剤）	$(CH_3)_3N + NaClO \rightarrow (CH_3)_3NO + NaCl$
酸性	メチルメルカプタン	苛性ソーダ（中和：アルカリ洗浄）	$CH_3SH + NaOH \rightarrow CH_3SNa + H_2O$
		次亜塩素酸ソーダ（酸化剤）	$CH_3SH + 3NaClO \rightarrow CH_3SO_3H + 3NaCl$
		次亜塩素酸ソーダ＋苛性ソーダ（酸化剤）	$CH_3SH + NaOH \rightarrow CH_3SNa + H_2O$ (pH>7) $2CH_3SNa + NaClO + H_2O$ $\rightarrow (CH_3)_2S_2 + NaCl + 2NaOH$ $(CH_3)_2S_2 + 5NaClO + 2NaOH$ $\rightarrow 2CH_3SO_3Na + 5NaCl + H_2O$
	硫化水素	苛性ソーダ（中和：アルカリ洗浄）	$H_2S + NaOH \rightarrow NaHS + H_2O$ $H_2S + 2NaOH \rightarrow Na_2S + 2H_2O$
		次亜塩素酸ソーダ＋苛性ソーダ（酸化剤）	$H_2S + 4HOCl \rightarrow H_2SO_4 + 4HCl$ (pH<7) $H_2S + 2NaOH \rightarrow Na_2S + 2H_2O$ $Na_2S + 4NaClO \rightarrow Na_2SO_4 + 4NaCl$ (7<pH<12) $H_2S + 2NaOH \rightarrow Na_2S + 2H_2O$ $Na_2S + NaClO + H_2O$ $\rightarrow S + NaCl + 2NaOH$ (pH>12)
		モノエタノールアミン（$HO-(CH_2)_2-NH_2$）	$H_2S + R-NH_2 \rightarrow HS^- + R-NH^{3+}$
中性	硫化メチル	次亜塩素酸ソーダ（酸化剤）	$(CH_3)_2S + 3NaClO$ $\rightarrow (CH_3)_2SO_3 + 3NaCl$ （酸化剤）
	二硫化メチル	次亜塩素酸ソーダ＋苛性ソーダ（酸化剤）	$(CH_3)_2S_2 + 5NaClO + 2NaOH$ $\rightarrow 2CH_3SO_3Na + 5NaCl + H_2O$
	アセトアルデヒド	次亜塩素酸ソーダ＋苛性ソーダ（酸化剤）	$CH_3CHO + NaClO + NaOH$ $\rightarrow CH_3COONa + NaCl + H_2O$

ソーダ（$Na_2S_2O_3$），亜硫酸ソーダ（Na_2SO_3）などがある。表 3.3.5 には化学吸収法における反応をガスの性質別にまとめてある。

(a) 中和法

臭気成分を塩類の形で液相に保持する方法である。その反応は，

（酸性ガス＋アルカリ）　or　（塩基性ガス＋酸）　→　塩類＋水

である。

(a–1) 酸洗浄

アンモニア，トリメチルアミンなどの低級アミンを除去するのに酸洗浄は使われる。高い効率を得るためには pH 2～3 で操作する。pH が上がるほど効率は下がる。

(a–2) アルカリ洗浄

アルカリ洗浄は，比較的濃度の高い硫化水素を除去するのに用いられる。pH が高いほど効率は上がり，pH 12 以上が望ましい。しかし，pH が高いと，し尿処理場や下水処理場からの排ガスのように高 CO_2 濃度（数千～10,000 ppm 程度。通常の大気中では 300～400 ppm）である場合，苛性ソーダと反応しやすくなり，薬液消費量が増大する。最適な pH を求める必要がある。硫化水素以外のイオウ化合物であるメチルメルカプタン，硫化メチル，二硫化メチルおよび低級脂肪酸の除去率は低く，アルカリ洗浄だけでの脱臭効果はあまり期待できない。

(b) 酸化法

酸化法は，アルカリ洗浄では効果の少ないメチルメルカプタン，硫化メチル，二硫化メチルなどのイオウ化合物やアンモニア，トリメチルアミンなどの窒素化合物にも脱臭効果がある。低級脂肪酸やある種の有機溶剤に対しても脱臭効果がある。酸化剤は一般に中和剤より高価なため，高濃度の臭気より低濃度の臭気に適している。

酸化剤としては，次亜塩素酸ソーダ（NaClO），二酸化塩素，過酸化水素，次亜臭素酸ソーダ，過マンガン酸カリウム，オゾン，塩素などがある。最も使

表3.3.6　吸収脱臭法の適用業種

適用業種	
・下水処理場	・化製場
・し尿処理場	・食料品製造工場
・ごみ処理場	・化学工場
・畜産農業	・ビール工場　　　　など

われているのが，後処理や二次汚染の心配の少ない次亜塩素酸ソーダである。ただし，接触する材料に対する腐食性が強いため，装置材料の選定には注意が必要である。過酸化水素は，鋳物工場の臭気（アンモニア，ホルムアルデヒド，フェノールなど）に用いられている。次亜臭素酸ソーダは，次亜塩素酸ソーダより酸化速度が大きいが，高価なためあまり使われていない。

次亜塩素酸ソーダによる硫化水素の脱臭の反応は，pHの値により異なる。複合脱臭物質にアンモニアが含まれていると，吸収液の寿命が短くなり，硫化水素などのイオウ化合物の脱臭率が短時間に減少するので注意が必要である。このような場合，アンモニアは前処理として水または希硫酸で除去する。

3.3.4　ガス吸収装置―気液接触面積を大きくする―

脱臭成分を液相に効率よく溶解させるためには，溶解（物質移動）が起こる気液界面積を大きくしなければならない（図3.3.3）。それゆえ，ガス吸収装置は，気液界面積（a）つまり物質移動容量係数（$K_L a$）が大きく取れるように設計される。そのためにはガス吸収塔内の気体と液体の流動状態が重要である。排ガス中の脱臭成分を吸収する装置には，大別して液分散型（液膜式と液滴式）とガス分散型がある（**表3.3.7**）。**図3.3.4**に代表的なガス吸収装置の構造を示す。

表3.3.8に各種ガス吸収装置のガス吸収速度に関連した因子の値がまとめられている。

ほかにも数多くのガス吸収（洗浄）塔があるが，充填塔形式が最も広く使用されている。ガス―液接触面積が大きく脱臭効率を上げられる充填材の開発が

表 3.3.7 ガス吸収塔の種類と特性

形式		原理	装置	長所	短所
液分散型	液膜式	充填材あるいはネットに液を伝わらせて流し，液膜を作り気体と接触させる	充填塔	・気液負荷変動に融通性がある ・圧力損失が大きくない ・装置製作が容易である	・溢流を生じる ・固体分があると目詰まりが生じる
			十字流	・気液負荷変動に融通性がある ・圧力損失が大きくない	・固体分があると目詰まりが生じる
	液滴式	液体をノズルから噴霧させて気体と接触させる	スプレー塔	・構造が簡単である ・圧力損失が小さい ・ガス中の粉塵も除去できる	・噴霧の消費動力が大きい ・液中の固形物によりスプレーが目詰まりを起こす ・偏流を生じやすい ・噴霧液滴のサイズが均一でない
			サイクロンスクラバー	・ガス処理量が大きい ・構造が比較的簡単である	・噴霧ノズルの目詰まりが起こりやすい ・ノズルへの吸収液の供給に高い水圧が必要である
ガス分散型		気体を液中に気泡として分散させて液と接触させる	気泡塔	・物質移動係数が大きい ・構造が簡単であり，耐食材料での製作が容易である ・熱の供給，除去が容易である	・圧力損失が大きい ・ガス処理量が小さい
			多孔板塔	・吸収液の使用量が少ない	・ガス流速の変動に適合できない ・構造が複雑で製作コストが高い
			撹拌槽	・懸濁液を使用できる ・吸収効率が高い	・圧力損失が大きい ・ガス処理量が小さい

さかんに行われている。代表的な充填材を図 3.3.5 に示す。充填材としては，空隙率が大，ガスの流れによる抵抗が小，偏流や溢流が起き難い充填材が良い。最も多く用いられてきたのが磁性ラシヒリングであるが，最近はプラスチック製の充填材も広く使われている。

　充填塔に並んで広く用いられているのがスプレー塔である。構造が非常に簡単で，充填塔に比べて設備費用が安価である。

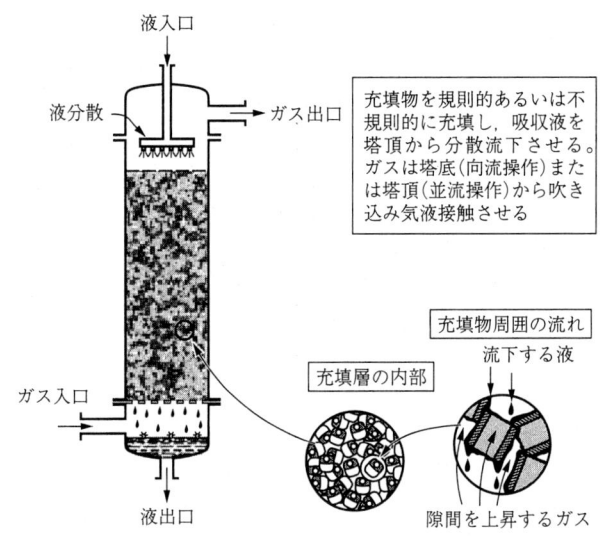

第3章◆脱臭技術

(a) 縦型充填塔

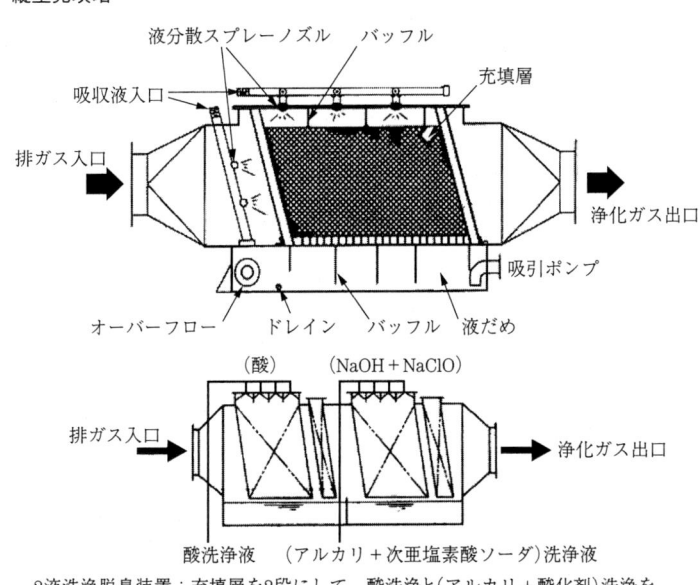

充填物を規則的あるいは不規則的に充填し,吸収液を塔頂から分散流下させる。ガスは塔底(向流操作)または塔頂(並流操作)から吹き込み気液接触させる

充填層の内部
充填物周囲の流れ
流下する液
隙間を上昇するガス

(b) 十字流不規則充填塔(2液あるいは3液による洗浄の場合に適している)

2液洗浄脱臭装置:充填層を2段にして,酸洗浄と(アルカリ+酸化剤)洗浄を連続して行う場合

酸洗浄液　(アルカリ+次亜塩素酸ソーダ)洗浄液

図 3.3.4　ガス吸収脱臭装置の例(a, b)

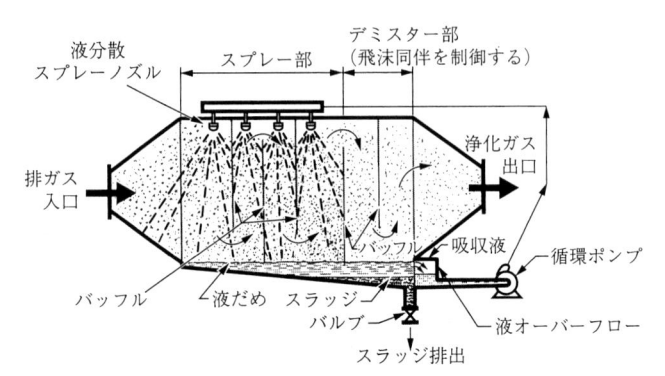

(c) 十字流スプレー塔（2液あるいは3液による洗浄の場合に適している）

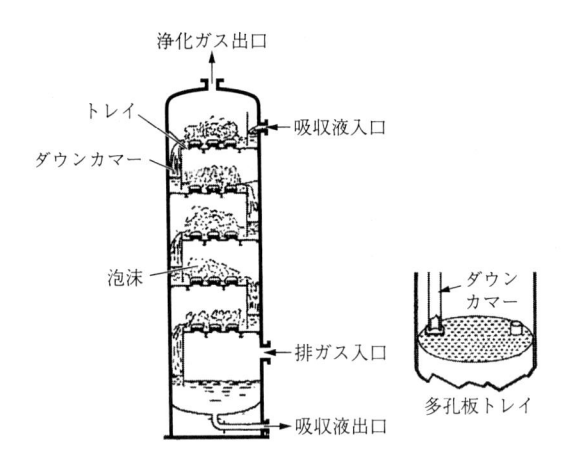

〈段塔の比較〉

トレイタイプ	多孔板	バルブ	泡鐘
処理量の範囲	広い	大変広い	やや広い
効率	高い	高い	やや高い
飛沫同伴	普通	普通	多孔板の3倍程度
圧力損失	普通	普通	大きい
コスト	低い	多孔板の1.2倍	多孔板の2〜3倍

(d) 段塔（泡鐘塔と多孔板塔）

図3.3.4 ガス吸収脱臭装置の例（c, d）

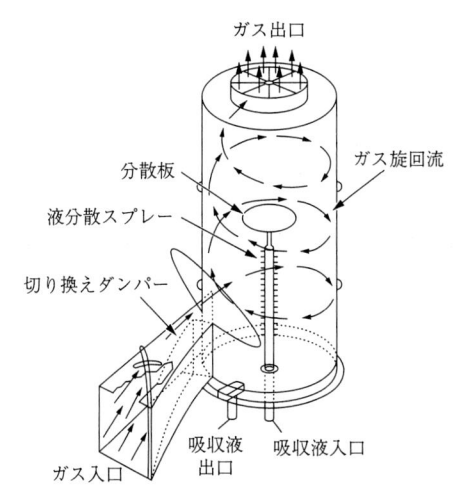

(e) サイクロンスクラバー

図 3.3.4　ガス吸収脱臭装置の例 (e)

表 3.3.8　ガス吸収装置の物質移動速度 (典型的な値)

吸収装置		液ホールドアップ	比表面積 a (m²/m³)	物質移動係数 $K_L \times 10^4$ (m/s)	物質移動容量係数 $K_L a$ (1/s)
充填塔	向流	0.02～0.25	10～350	0.4～2	0.04～7
	並流	0.02～0.95	10～1,700	0.4～6	0.04～100
段塔	泡鐘塔	0.1～0.95	100～400	1～5	1～20
	多孔板塔	0.1～0.95	100～200	1～20	1～40
気泡塔		0.6～0.98	50～600	1～4	0.5～24
通気撹拌槽		0.2～0.95	100～1,000	0.3～7	0.3～70
スプレー塔		0.02～0.2	10～100	0.7～1.5	0.07～1.5
ベンチュリースクラバー		0.05～0.3	160～2,500	5～10	8～25

(a) ラシヒリング　(b) レッシングリング　(c) パーティションリング　(d) ベルサドル　(e) インタロックサドル

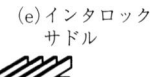

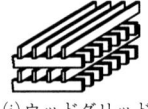

(f) テラレッド　(g) ポールリング　(h) ダブルスパイラルリング　(i) ウッドグリッド

(a) 形状

(b) 充填材選定の因子

選定因子	ラシヒリング	ベルサドル	インタロックスサドル
処理量	小	大 (P) 中 (C)	大 (P) 中 (C)
充填層内液再分散	×	○	○
効率	×	○	○
圧力損失	大	小 (P) 中 (C)	小 (P) 中 (C)
材質			
プラスチック	×	○	○
金属	○	×	×
セラミック	○	○	○
コスト			
プラスチック	―	小	大
金属	中	―	―
セラミック	小	中	大

(不規則充填, P：プラスチック, C：セラミック)
(○：適, ×：不適)

(c) 充填材の特性

充填材	材質	充填個数 (個/m^3)	充填密度 (kg/m^3)	比表面積 (m^2/m^3)	空隙率 (％)
ラシヒリング	セラミック	47,700	641	190	73
レッシングリング	セラミック	45,900	801	226	66
ベルサドル	セラミック	77,700	721	249	69
テラレット	プラスチック	25,000	103	180	89
ポールリング	セラミック	51,000	570	232	70

(充填材のサイズは1 in)

図3.3.5　代表的な充填材の特性

3.4 吸着による脱臭

3.4.1 吸着脱臭法―臭気物質を細孔内に捕集する―

　活性炭などの粒子内部に細孔を持つ吸着剤に，臭気物質を吸着させ臭気を除去する方法である（図3.4.1）。高い臭気物質濃度でも，短時間でかつ小さな装置で高い効率の処理ができる吸着操作は，脱臭処理に幅広く使われている。吸着法は比較的臭気成分が低濃度の場合に適用される。設備費が比較的安価であり，ランニングコストも安いため，広範囲に適用されている。脱臭性能は燃焼法に比べると若干劣っている。吸着剤は，臭気物質を飽和状態近くまで吸着すると脱臭効果が低下するため，再生し再利用する必要がある。再生のサイクルは3ヵ月から1年であるが，平均は6ヵ月である。吸着法の適用に際しては，ガス温度は40℃以下であり，ダストおよびミストは前処理で除去する必要がある。

　表3.4.1に種々の臭いに対する活性炭の吸着性能を示した。おもな臭いについての吸着性能指数をまとめた。

　吸着後の吸着剤や吸着物質の処理法により，吸着脱臭法は表3.4.2のように分類される。

　吸着剤は，臭気物質を飽和状態近くまで吸着すると脱臭能力が低下するので，吸着剤を交換する必要がある。小規模な装置の場合は，吸着剤を装置から取り

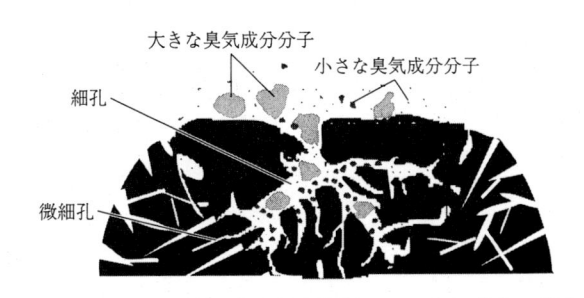

図3.4.1　細孔を持つ多孔質吸着剤による臭気成分の脱臭

表3.4.1 臭いに対する活性炭の吸着性能

臭い	吸着性能指数
汗のにおい	4
焼肉臭	4
浴室臭	4
スチレン	4
下水臭	4
香料	4
腐敗臭	4
酢酸エチル	4
トルエン	4
キシレン	4
病院臭	4
硫化水素	3
動物臭	3
アセトアルデヒド	2
アンモニア	2

(吸着性能指数:1普通の環境ではあまり効果はない,2操作条件に検討が必要,3十分有効で活性炭重量の約10〜25%を吸着する,4吸着能力大で活性炭重量の約20〜50%を吸着する)

表3.4.2 吸着脱臭法の分類

吸着操作	概要	適用される吸着剤	特徴
回収方式	・臭気物質を吸着後,臭気物質を脱着して吸着剤は再使用する ・脱着した臭気物質は,冷却・凝縮して液体の状態で回収する	活性炭	・有機系臭気成分を物理吸着し,吸着・再生を繰り返し,吸着剤が劣化するまで長時間使用する ・回収した溶剤などを再利用できる
濃縮方式	・低濃度の臭気物質を吸着し,低流量の熱風で脱着して吸着剤は再使用する ・低流量のガスに濃縮された臭気物質は燃焼装置などで処理する	活性炭 ゼオライト	・有機系臭気成分を物理吸着し,吸着・再生を繰り返し,吸着剤が劣化するまで長時間使用する ・低濃度高ガス流量の臭気ガスを処理できる
交換方式	・臭気物質を吸着して脱臭能力が低下した吸着剤は,脱着操作をして再利用するのではなく新しい吸着剤と交換する ・添着活性炭のように化学反応によって吸着する場合も新しい吸着剤との交換になる	添着活性炭	・吸着剤または薬品を添着した吸着剤を使い捨てする方式である ・非常に低濃度で臭気の閾値の低い物質に使用される ・装置が簡単である

第3章◆脱臭技術

```
         浄化ガス出口
パージエア┄┄┐     →  吸着行程    ▶◀ 閉
           │     ┄→ 再生(脱着)行程 ▷◁ 開
        ┌─────┐┌─────┐
        │吸着塔││吸着塔│
        │(吸着)││(再生)│                冷却器
        └─────┘└─────┘
                                        
吸着・再生の          未凝縮ガス
切り替え配管                              凝縮液

 排ガス入口                              
            押し込みブロワー  真空ポンプ   回収タンク
```

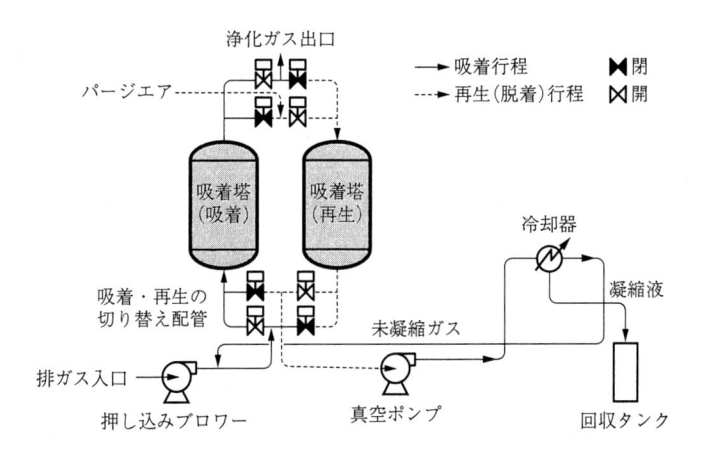

図 3.4.2　吸着脱臭法のプロセスフロー（吸着・脱着の切り替え）

出して再生するが，大型装置ではプロセスに再生システムが組み込んである（**図 3.4.2**）。

表 3.4.3 に吸着脱臭法の適用業種をまとめた。

3.4.2　吸着剤─物理吸着と化学吸着─

多孔質（大きな内部表面積を持つ）の吸着剤を用いて，気体混合物を分離する吸着操作では，気体を固体表面に接触させておくと，気体中の特定成分が固体表面に集まる。この吸着現象を利用して分離を行うのである。吸着と脱着を繰り返すことが可能な可逆吸着（物理吸着）と，吸着成分が固体表面の官能基と化学結合し脱着し難い不可逆吸着（化学吸着）がある。弱い化学吸着で可逆的な吸着もある。通常は物理吸着を用いる。**表 3.4.4** に物理吸着と化学吸着の比較がまとめられている。

代表的な吸着剤としては，活性炭，シリカゲル，ゼオライト，活性アルミナがある（**表 3.4.5**）。吸着剤の製法などと特性はそれぞれ**表 3.4.6** と**表 3.4.7**にまとめてある。最も一般的な吸着剤である活性炭は，水分があってもほかの成分を選択的に吸着でき，分子量が比較的大きく疎水性の成分について吸着力が大きい。なお，活性炭と言っても，原料や製法（賦活法）などの違いにより，吸着力はかなり異なる。活性炭が効果的に吸着できる物質として，脂肪酸類，

表 3.4.3　吸着脱臭法の適用業種

吸着操作	適　用　業　種
回収方式	塗装，印刷，接着，塗料，インキ製造，テープ製造，ドライクリーニング
濃縮方式	塗装，印刷，接着，化学工場，FRP 加工
交換方式	下水臭，ごみ臭，食品加工，調理臭，ペット臭

表 3.4.4　物理吸着と化学吸着

	物理吸着	化学吸着
吸着量	高い	低い
吸着力	ファンデルワールス力 疎水性相互作用	共有結合 静電引力 イオン交換作用
選択性	選択性はなく，すべての表面が使われる	選択性があり，表面の活性部位のみに限られる
吸着分子層	多分子層も可能	単分子層
吸着熱	小さい（蒸発熱あるいは凝縮熱と同程度である）	大きい（蒸発熱あるいは凝縮熱より何倍も大きい）
活性化エネルギー	低い	高く化学反応に相当する
吸着速度	速い（吸着速度は物質移動に支配される）	遅い（吸着速度は表面反応に支配される）
吸着・脱着	可逆	可逆または不可逆
吸着式	BET 型	ラングミュア型

表 3.4.5　脱臭に使用されている吸着剤

	吸着剤	適用例
物理吸着	活性炭	有機物質の脱臭，溶剤の回収
	ゼオライト	有機物質の脱臭，溶剤の濃縮
	樹脂吸着剤	有機物質の脱臭，溶剤の回収
化学吸着	添着活性炭	塩基性ガス（アンモニア，アミン類）の脱臭 中性ガス（硫化メチル）の脱臭 酸性ガス（硫化水素，メルカプタン類）の脱臭
	イオン交換樹脂	アンモニア，アミン類，硫化水素，メルカプタン類の脱臭

表3.4.6 吸着剤の製法と比較

吸着剤	特徴	原料・製法	使用範囲
活性炭 (粒状, 球状, 繊維状, ハニ カム状)	・炭素のほかに酸素, 水素, カルシウムなどからなる多孔質の物質であり, その微細な穴(細孔)に物質を吸着させる性質がある ・表面が非極性のため, 水のような分子量の小さい極性分子は吸着し難く, 粒状の有機物は選択的に吸着しやすい	・原材料はマツなどの木, 竹, ヤシ殻, くるみ殻などの植物質のもののほか, 石炭質, 石油質など ・活性化(賦活)の方法は水蒸気や二酸化炭素, 空気などのガスを使う高温炭化法(800〜950℃)などの物理法が一般的である。ほかに塩化亜鉛などの化学薬品を使って処理した上で加熱し, 多孔質にする化学法もある	・脱臭, 水質浄化, 毒物中毒における毒の吸着等に用いられる ・気相の処理にもよく用いるが, 分子量の小さい気体は吸着しない ・可燃性でありケトン系溶剤の処理には注意が必要である
活性アルミナ	・大きな表面積を持つ多孔質の酸化アルミニウム(Al_2O_3)	・水酸化アルミニウムを焼成して作る	・脱湿, 脱色に使われる ・金属を担持しやすいため触媒の担体として使われる
シリカゲル	・メタケイ酸ナトリウム(Na_2SiO_3)の水溶液を放置することによって生じる酸成分の加水分解で得られるケイ酸ゲルを脱水・乾燥したもの。組成式は$SiO_2 \cdot nH_2O$である ・化学的吸着と物理的吸着の両方による広範囲な吸着特性がある	・ケイ酸ソーダ(水ガラス)の硫酸による分解法により製造されている	・多孔質構造(細孔構造)を持ち表面積が広いため, 乾燥剤(水分の吸着)や触媒の担体として利用される
モレキュラーシーブ	・ゼオライト(結晶中に微細孔を持つアルミノケイ酸塩の総称)の一種である ・多孔質の細孔に水分子を吸着するので脱水に用いられる	・シリカとアルミナが主成分である ・空孔の大きさを単位オングストロームÅを使って3A, 4Aなどと表記される	・活性炭に比べて吸着性能が小さい

表 3.4.7 吸着剤のおもな特性

(a) 吸着剤の種類

吸着剤	気孔率 (—)	孔径 10^{-10}(m)	比表面積 (m^2/g)	かさ密度 (kg/m^3)	温度安定性 (使用最高温度) (℃)	脱着(再生) 温度 (℃)
活性炭	0.25〜0.8	10〜100	500〜1,600	150〜550	150	120±20
活性アルミナ	0.25〜0.6	20〜130	100〜400	600〜930	500	220±20
シリカゲル	0.35〜0.5	20〜40	200〜900	450〜800	400	175±50
モレキュラーシーブ	0.3〜0.55	3〜20	800〜1,000	500〜850	600	250±50

(Kennes, C. and Veiga, M. C., "Bioreactors for Waste Gas Treatment", Kluwer Academic Pub. (2001) を参考に作成)

(b) 形状による分類（炭素系材料）

形状	気孔率 (—)	孔径 10^{-10}(m)	比表面積 (m^2/g)
粉末状	0.45〜0.75	15〜30	700〜1,600
粒状	0.33〜0.45	12〜30	700〜1,500
繊維状	0.90〜0.98	10〜30	1,000〜2,000

形状	特徴
粉末状	・粉末原料から製造 ・安価である ・回分吸着装置に使われる ・粉末の飛散が起こる
粒状	・粉砕状（ヤシ殻活性炭，石炭系活性炭），円柱状，球状（球形樹脂を原料として製造あるいは炭化物を球形に造粒して賦活によって製造） ・連続式固定層吸着装置で使用される
ビーズ状	・石油ピッチの溶融成形やあるいは樹脂から炭素球体を作製し賦活する ・粒径が1mm以下の真球状 ・硬度が高く粉化しにくい ・高純度の活性炭であり再生ロスが少ない
繊維状	・繊維状の原料から製造 ・糸状，フェルト状，布状がある ・フェノール系，レーヨン系，アクリル系，ピッチ系がある ・屈曲性があり成形しやすい ・吸着速度が速く粒状の100〜1,000倍 ・吸着容量は粒状の1.5〜10倍 ・圧力損失は粒状の1/3
ハニカム状	・粉末活性炭に無機・有機系バインダーを用いてハニカム状に成型 ・単位体積当たりの幾何学的表面積が大きい ・吸着速度が速い ・圧力損失が小さい

メルカプタン類，ケトン類，エステル類などがある。

3.4.3　吸着の原理と吸着平衡—吸着剤の必要量を求める—

　吸着剤表面の原子は，物質内部の原子のように周囲と結合していないため，自由エネルギー（界面自由エネルギー）が大きくなる。このため，表面原子は近接した分子やイオンなどの化学種を結合し，自由エネルギーを小さくしようとする。この現象を吸着という。吸着現象には，ファンデルワールス力による物理吸着と，共有結合による化学吸着がある。物理吸着は比較的弱く，温度や圧力の制御で可逆的に吸脱着できる。化学吸着は強固で，吸着物質の電子状態が変化するため，触媒反応などを進行させることもある。

　おもにファンデルワールス力によって起こる物理吸着では，吸着速度は速く，吸着量は表面の化学的性質にあまり影響されず，表面積が大きくなると吸着量も増加する。吸着した層の上に多層に吸着することも多い。吸着する際に放出される熱は気体の凝縮熱に近い。温度を上げると吸着量は減少する。流体中の濃度と固体表面の濃度は，それぞれの化学ポテンシャルが釣り合うときに吸着平衡関係が成り立つ。一定温度における物理吸着の平衡関係を表わす吸着等温式として，ラングミュア式，フロインドリッヒ式，多分子層に吸着する場合にラングミュア式を拡張した式であるBET（Brunauer–Emmett–Teller）式がある。図3.4.3に吸着等温線（その温度で最大吸着できる量を知ることができ

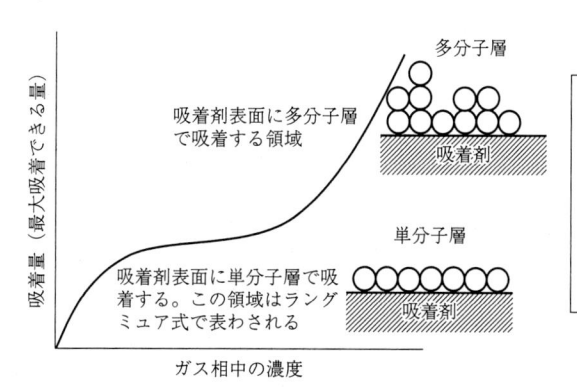

多孔質粒子においては，粒子内部の空隙内の表面が非常に大きいので，表面における濃度の代わりに多孔質物質の単位重量当たりの吸着量 q（kgkg^{-1}-吸着剤）を用いることが多い。流体がガスの場合，濃度として分圧 p（Pa）を用いることが多い

図3.4.3　等温吸着線の概略図

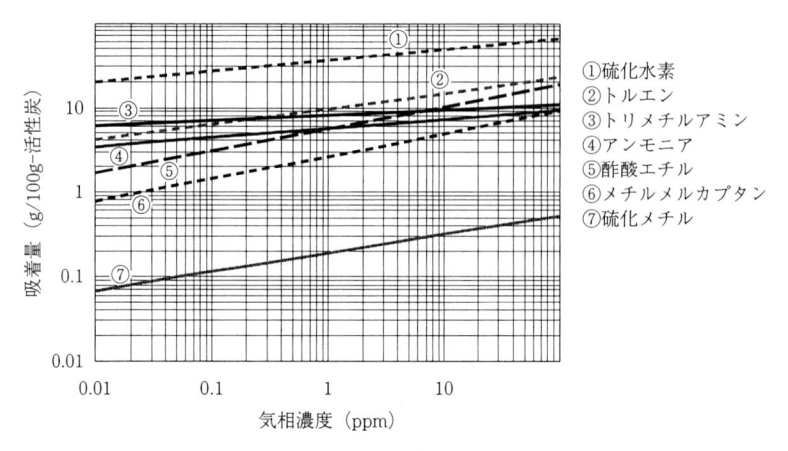

図 3.4.4　活性炭による臭気物質の等温吸着線
（対数プロットなのでほぼ直線関係になっている。なお，臭気物質によってそれぞれに適した異なる活性炭を使用している）

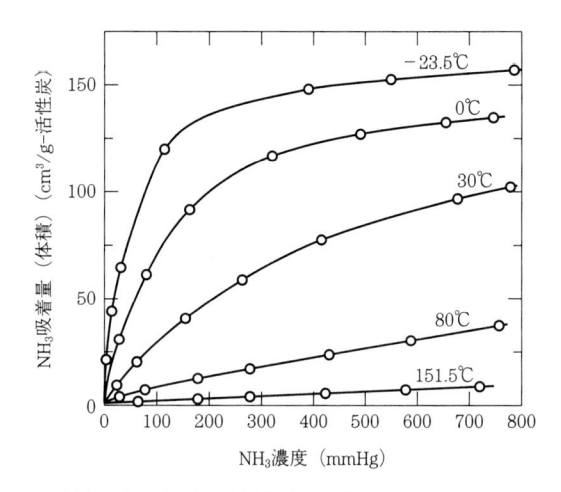

①硫化水素　②トルエン　③トリメチルアミン　④アンモニア　⑤酢酸エチル　⑥メチルメルカプタン　⑦硫化メチル

図 3.4.5　吸着平衡と温度の関係（活性炭によるアンモニアの吸着）

る）の概略図を示す。**図 3.4.4** に臭気物質の活性炭への吸着等温線を示す。この図は対数プロットなので，図 3.4.3 とは異なり直線関係になっている。なお，**図 3.4.5** に示したアンモニアの吸着平衡と温度の関係からもわかるように，温度が低いほど吸着量は増える。

3.4.4 多孔質吸着剤への吸着過程―吸着速度を求める―

図3.4.6に示すように，吸着物質が数多くの細孔からできている多孔質の吸着剤に吸着される過程は，3段階に分けて考えられる。物理吸着の場合，この3つの過程のうち③の段階は，通常①，②の過程に比べて非常に速いと仮定できる。つまり，一般には吸着ではなく拡散が律速となる。吸着速度は初期段階では速いが，平衡に近づくにつれて遅くなる。これは，吸着分子が屈曲した細孔内で奥の最も弱い吸着点に向かって，最も長い道のりを拡散しなければなら

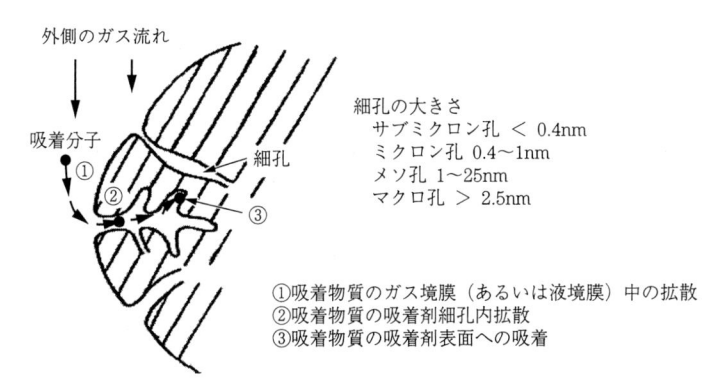

細孔の大きさ
 サブミクロン孔 < 0.4nm
 ミクロン孔 0.4〜1nm
 メソ孔 1〜25nm
 マクロ孔 > 2.5nm

① 吸着物質のガス境膜（あるいは液境膜）中の拡散
② 吸着物質の吸着剤細孔内拡散
③ 吸着物質の吸着剤表面への吸着

(a) 吸着剤内部への拡散（物質移動）

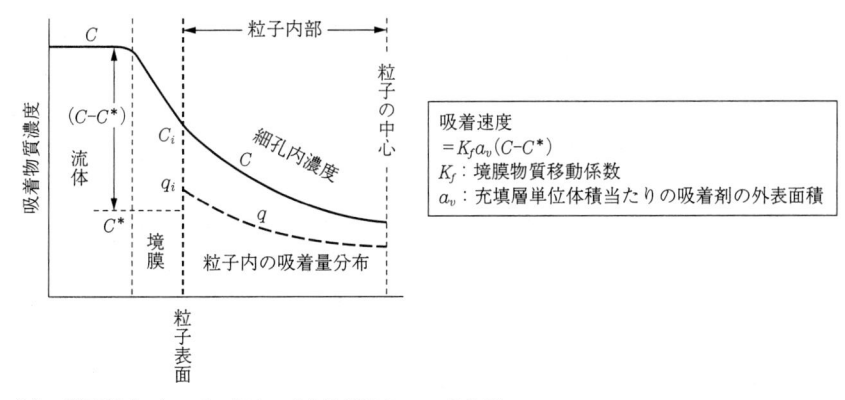

吸着速度
 $= K_f a_v (C - C^*)$
 K_f：境膜物質移動係数
 a_v：充填層単位体積当たりの吸着剤の外表面積

(b) 濃度分布（C：ガス相中の吸着物質濃度，q：吸着量）

図3.4.6　吸着物質の吸着剤への吸着

ないためである。

3.4.5 吸着破過曲線と吸着帯
—吸着／再生のサイクル時間を求める—

充填層吸着装置を設計し，脱着つまり吸着剤の再生を開始する時間を知るためには，吸着帯（吸着が起こっている部分）の長さと破過時間を算出しなければならない。図3.4.7に示すような吸着剤の充填層に吸着物質を含むガスを流下させた場合を考える（上昇流の場合も方向が違うだけで同様に考えられる）。最初，吸着は層の最上部で起こり，そこでほとんどが吸着されわずかの残りがその下層部で吸着される。上層部が飽和（平衡状態）になると，吸着が起こる場所が下方に移動して行く。吸着が起こる部分は比較的狭い範囲（吸着帯）で起こる。この吸着帯がだんだん下方に移動する。この吸着帯の移動速度はガスの流下速度よりはるかに小さい。ガスの流下を始めてからの流出ガス中の吸着物質の濃度変化は図3.4.7に示すようになる。はじめは吸着物質のほとんどが

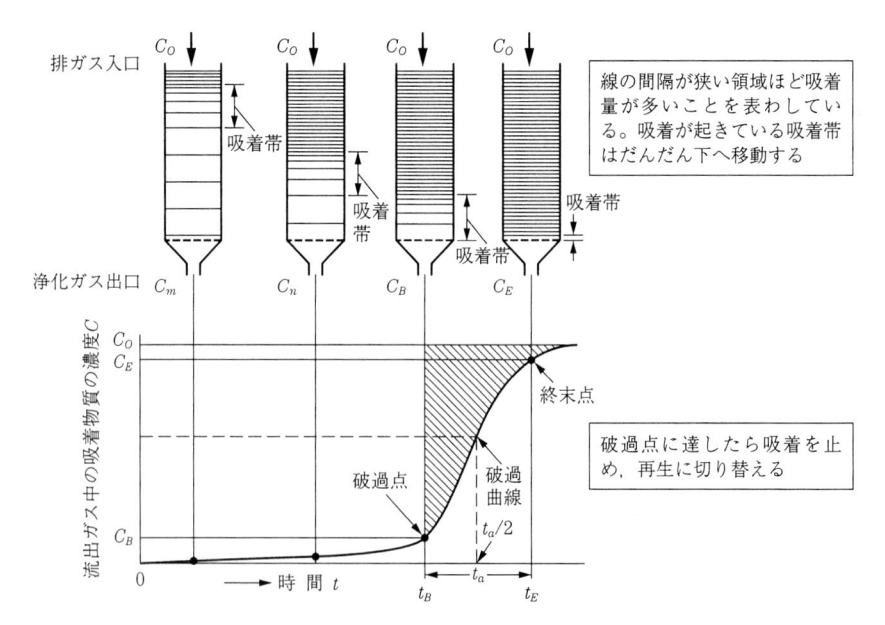

図3.4.7 吸着破過曲線（流出ガス中の吸着物質濃度の時間変化を表わす曲線）

吸着剤に吸着されるので，流出ガス中の吸着物質濃度は非常に小さい。吸着帯の下端が充填層の最下部にまで移動すると（この状態では，充填層中の吸着剤のほとんどが平衡に達してもう吸着物質を吸着できない），流出ガス中の吸着物質の濃度は急激に増加する。通常，流出ガス中の濃度が入口濃度の 10～5% にまで増加する点を破過点と言い，破過になるまでの時間を破過時間と呼ぶ。破過点に達したところで吸着を終了し吸着剤の再生操作を行う。

3.4.6　吸着装置―ハニカムローター吸着装置―

　最も一般的な吸着装置は固定床である（図 3.4.8）。ガス流量が 100 m³/min 以下の場合は，接触時間が長く高い脱臭率が期待でき，ガスの偏流が少ない円筒縦型が多く使われる。

　流動状態でも破壊せず粉化しない吸着剤が開発され，流動床吸着装置も使われるようになった。その一例が図 3.4.9 である。装置は，流動床吸着部が移動床脱着部の上に乗っている構成である。

　臭気物質濃度が数百 ppm$_v$ 以下の低濃度の場合，処理する前に濃縮しないと処理流量や発熱量の点から経済的ではない。濃縮装置として，コスト面からハニカムローター吸着装置（図 3.4.10）が広く使われている。ハニカムローターは，吸着（処理）／脱着（再生）／冷却ゾーンに区分された装置内を連続的に回転する。臭気物質を含む排ガスは，プレフィルターなどで前処理された後，吸着ゾーンを通過させ臭気物質を吸着除去する。臭気物質を吸着したローターは脱着ゾーンに回転移動し，熱風で臭気物質を脱着し再生される。さらに冷却ゾーンに回転移動し，冷却空気により冷却される。冷却ゾーンを通過した空気は加熱され再生用の空気として使用される。

　図 3.4.11 には排ガス処理量の大きくない場合にコンパクトで簡便に使える交換式の吸着脱臭装置を示した。

　表 3.4.8 に各種吸着装置の比較をまとめてある。

3.4.7　再生操作―温度スイングと圧力スイング―

　吸着剤の再生は，吸着プロセスにおける重要な操作である。一般に，吸着剤

(a) 水平式（横型）

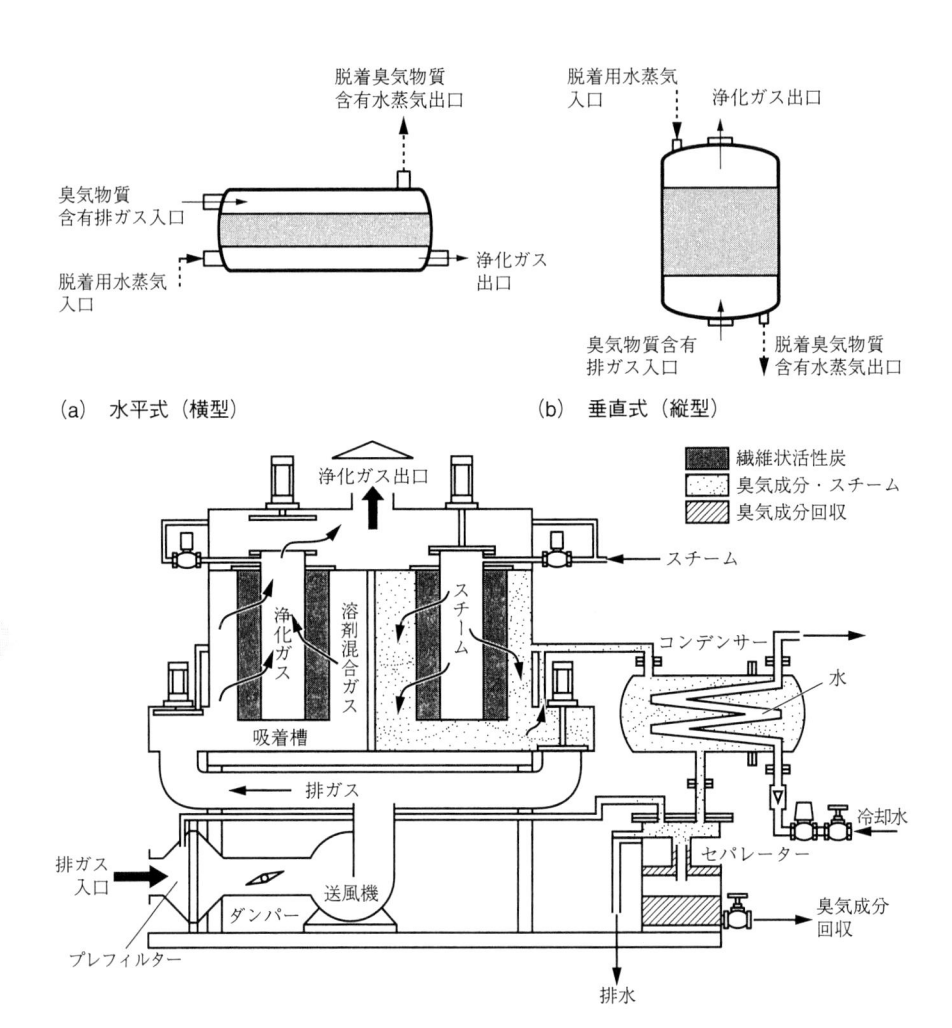

(b) 垂直式（縦型）

(c) 繊維状活性炭固定床

図 3.4.8　固定床吸着装置

第3章◆脱臭技術

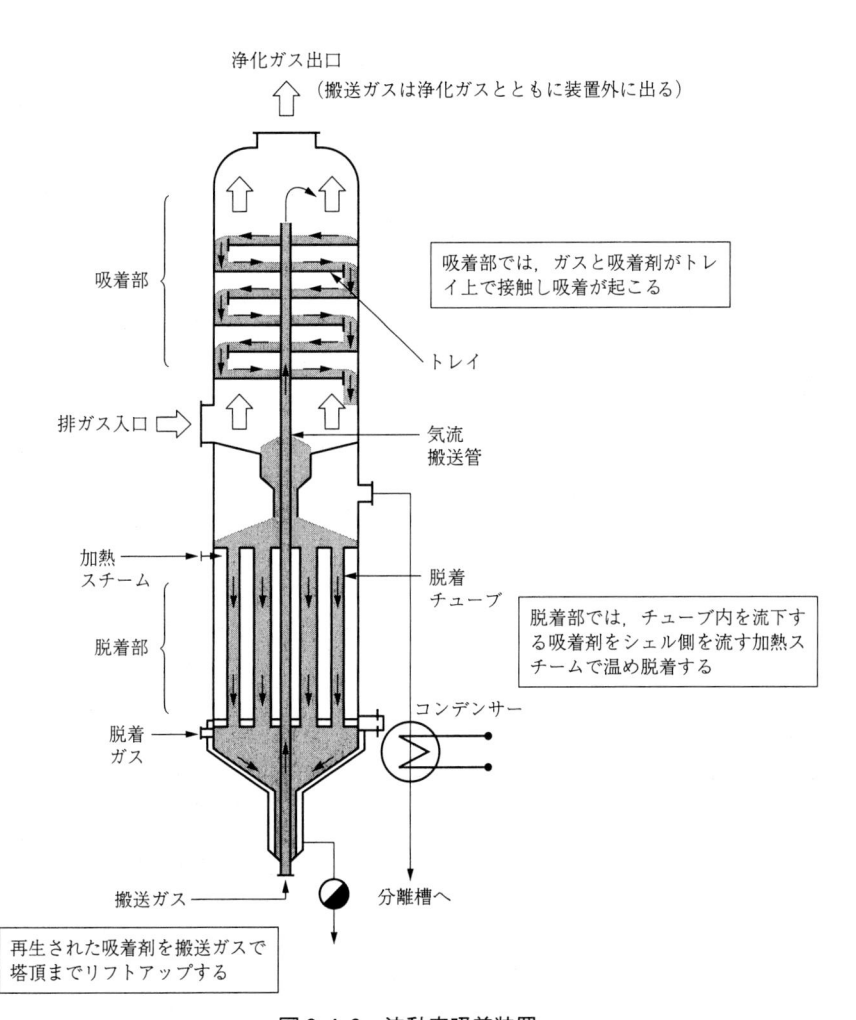

浄化ガス出口
（搬送ガスは浄化ガスとともに装置外に出る）

吸着部では，ガスと吸着剤がトレイ上で接触し吸着が起こる

吸着部

トレイ

排ガス入口

気流搬送管

加熱スチーム

脱着チューブ

脱着部では，チューブ内を流下する吸着剤をシェル側を流す加熱スチームで温め脱着する

脱着部

コンデンサー

脱着ガス

搬送ガス

分離槽へ

再生された吸着剤を搬送ガスで塔頂までリフトアップする

図3.4.9　流動床吸着装置

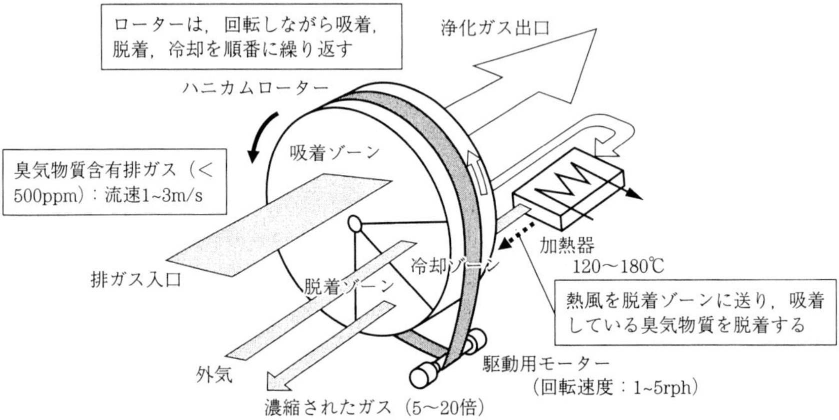

図中ラベル:
- ローターは，回転しながら吸着，脱着，冷却を順番に繰り返す
- 浄化ガス出口
- ハニカムローター
- 吸着ゾーン
- 臭気物質含有排ガス（<500ppm）：流速1～3m/s
- 加熱器 120～180℃
- 排ガス入口
- 脱着ゾーン
- 冷却ゾーン
- 熱風を脱着ゾーンに送り，吸着している臭気物質を脱着する
- 外気
- 駆動用モーター（回転速度：1～5rph）
- 濃縮されたガス（5～20倍）

活性炭やゼオライトを担持させたハニカム構造体を連続的に回転させ（1時間に1～5回転の非常に低速のケースが多い），これに臭気ガスと脱着用ガス（熱風）をそれぞれ向流に流す。吸着ゾーンと脱着ゾーンの容積比で濃縮度が決まる

図3.4.10　ハニカムローターの概略

は繰り返し再生し長期間にわたって使用される。つまり，吸着プロセスは吸着と再生の繰り返しである。吸着剤の再生方式には，

1) 昇温して吸着物質を脱着させる熱再生
2) 圧力をさげる減圧再生
3) 不活性ガスを流して脱着するパージ再生
4) ほかの吸着物質などを加える置換脱着

などがある（**表3.4.9**）。もちろん，再生を繰り返すことにより吸着能力の劣化が起こる。短時間に吸着・脱着を切り替える温度スイング法（スチームを吹き込むことにより昇温する）が広く使われている。圧力スイング法も工業的に注目されている。温度および圧力スイング法の原理は**図3.4.12**に示した。なお，再生プロセスで脱着された臭気成分を含んだガスは，回収するか触媒などで酸化分解させる必要がある。添着炭でも再生可能なものも多い。

3.4.8　化学吸着法—添着活性炭—

添着活性炭は，化学吸着を積極的に活用するために，活性炭に触媒作用ある

第3章◆脱臭技術

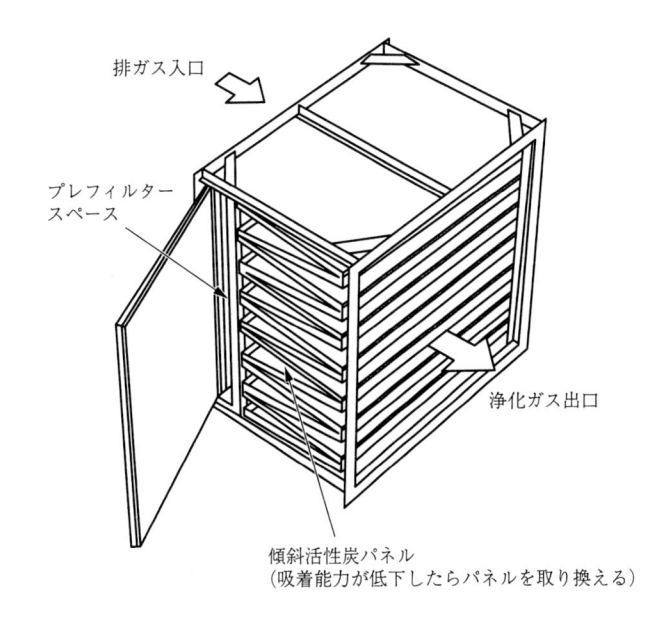

(a) 活性炭傾斜パネル脱臭装置

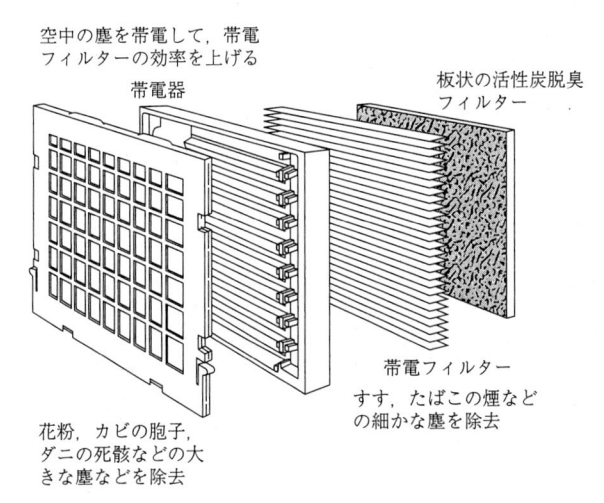

(b) 空気清浄機

図 3.4.11　交換式脱臭装置

表 3.4.8 吸着装置の比較

(a) 吸着装置の方式

吸着装置	長所	短所	適用業種
固定床式	・操作が簡単 ・通気速度は 0.2～0.3 m/s 程度であり設置面積は広くなるが高さは低い ・ガス流量や濃度の変化に対応が容易である	・脱着操作に水蒸気を使用することが多く，その場合排水が発生するので排水処理が必要となる ・ケトン系溶剤の着火事故に注意が必要である ・ミストが混入して閉塞を起こす ・排ガス温度が高いと吸着効率が低下する ・高沸点物質による活性炭の劣化が起こる	塗装 印刷 接着 塗料 インキあるいはテープ製造 クリーニング など
流動床式	・排ガスの通気速度は 0.6～0.8 m/s であり，固定床式にくらべて小型であるが高さは高くなる ・可燃性物質の脱着には窒素が使われるが，その場合排水がほとんど発生しない ・ケトン類の吸着回収が可能 ・回収溶剤中の水分が少ない	・ミストが混入して閉塞を起こす ・排ガス温度が高いと吸着効率が低下する ・高沸点物質による活性炭の劣化が起こる ・ガス流量や濃度の変化に対応は容易ではない	塗装 印刷 接着 塗料 インキあるいはテープ製造 クリーニング など
ハニカム式	・通気速度は固定床式に比べて大きく 1.5～2.0 m/s である ・装置がコンパクトであり，建設費および運転費が安価である	・ミストが混入して閉塞を起こす ・排ガス温度が高いと吸着効率が低下する ・ケトン系溶剤の着火事故に注意が必要である ・高沸点物質による活性炭の劣化が起こる	塗装 各種印刷 接着 テープ工業 FRP 加工 ドライクリーニング など
交換式	・装置がコンパクトで簡単である ・取り扱いが簡単である	・濃度が数 ppm 以上の場合短期間の吸着剤交換が必要になるため適用不可である ・ミストが混入して閉塞を起こす ・排ガス温度が高いと吸着効率が低下する	下水処理場 ごみ処理場 食品加工，調理食品 ペットショップ ゴム工場 プラスチック製造 など

表3.4.8 吸着装置の比較（つづき）

(b) 吸着装置の選定

	低臭気成分濃度	高臭気成分濃度
低ガス流量	・繊維状活性炭固定床 ・粒状活性炭固定床	・繊維状活性炭固定床 ・粒状活性炭固定床 ・ビーズ状活性炭流動床
高ガス流量	・ハニカム活性炭回転床 ・ビーズ状活性炭流動床	・粒状活性炭固定床 ・ビーズ状活性炭流動床

表3.4.9 再生方式

吸着操作		再生方式	吸着剤	脱着ガス
回収方式	固定床	熱スイング	粒状活性炭 繊維状活性炭	蒸気 蒸気
		圧力スイング	粒状活性炭	空気
	流動床	熱スイング	球形活性炭	窒素
濃縮方式		熱スイング	活性炭ローター ゼオライトローター	空気 空気
交換方式		新品と交換	添着炭，酸化剤 粒状活性炭	

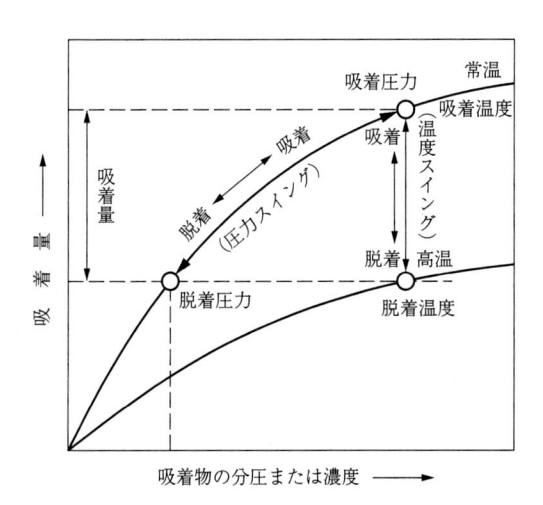

図3.4.12 圧力スイングと温度スイングによる吸着／脱着の原理

いは化学反応性を持つ金属成分，酸，塩基などの化学薬品を担持させ，目的成分の吸着性能を改善させたものである。その吸着プロセスは，
1) 担体活性炭の物理吸着力による吸着成分の細孔内での濃縮
2) 細孔内での吸着成分と添着物質の化学反応
3) 反応生成物の細孔内での保持

と考えられている。添着活性炭では物理吸着に加え添着薬液と処理ガス成分との活性炭表面における化学反応により化学吸着が促進されるのである。塩基性ガス用添着炭，酸性ガス用添着炭，中性ガス用添着炭の3種類に分類される。化学吸着による強い結合により低濃度での吸着性能に優れており，特定の成分に対する選択吸着性が高いのが添着活性炭の特徴である。

脱臭用添着活性炭の例を以下に示す。

(1) イオウ系酸性ガス用

アルカリ添着活性炭はイオウ系酸性ガスである硫化水素，メチルメルカプタンの除去に使われる。その化学反応は，

$$H_2S + M\text{-}OH \rightarrow M\text{-}HS + H_2O$$
$$CH_3SH + M\text{-}OH \rightarrow CH_3S\text{-}M + H_2O$$

である。Mはアルカリ金属を表わす。

ヨウ素炭は，活性炭（ヤシガラ炭）にヨウ素酸（HIO_3）を添着したもので，ヨウ素酸のもつ強力な酸化力により硫化水素などを酸化分解することにより，吸着能力を著しく高くした添着活性炭である。

酸化第二鉄は硫化水素を化学吸着するのに使われる。硫化水素は化学吸着して硫化第二鉄になる。

$$6\,H_2S + 2\,Fe_2O_3 \rightarrow 2\,Fe_2S_3 + 6\,H_2O$$

硫化第二鉄を酸化することにより酸化第二鉄に戻し吸着剤を再生する。

$$2\,Fe_2S_3 + 3\,O_2 \rightarrow 6\,S + 2\,Fe_2O_3$$

(2) 含窒素塩基性ガス

アンモニア，トリメチルアミンに対しては，不揮発性の酸（リン酸，硫酸な

どの無機酸，クエン酸，リンゴ酸などの有機酸）を添着した活性炭が使われる。アンモニアとトリメチルアミンを選択的に化学吸着し，それぞれをアンモニウム塩とアミン塩として吸着保持する。その化学反応は，

$$NH_3 + H\text{-}A \rightarrow (NH_4)\text{-}A$$

$$(CH_3)_3N + H\text{-}A \rightarrow [(CH_3)_3N]H\text{-}A$$

H-Aは添着薬剤，Aは酸性基を表わす。

（3） イオウ系中性ガス

硫化メチル，二硫化メチルは化学的に安定な物質であるが，添着活性炭の触媒作用によりそれぞれ吸着されやすいスルホキシド，スルホン酸に酸化して吸着保持することができる。

$$(CH_3)_2S + 1/2\,O_2 \rightarrow (CH_3)_2SO$$

$$(CH_3)_2S_2 + 5/2\,O_2 + H_2O \rightarrow 2\,CH_3SO_3H$$

臭気ガスは混合気体であり，薬品添着活性炭を用いる場合，ガスの流れ方向に順番に酸性ガス用，塩基性ガス用，中性ガス用と並べる必要がある。順番が違うと期待される脱臭効果が得られない。

3.4.9 イオン交換ケミカルフィルター

化学吸着法として，イオン交換樹脂を用いる方法がある。臭気物質のイオン特性を利用して，イオン交換樹脂で吸着し脱臭する方法である。イオン交換ケミカルフィルターとして半導体工場などで使われるようになってきた。ウェハの薬液洗浄装置や外気などから発生する除塵フィルターで除去できない化学汚染物質の除去に使われている。**表3.4.10**にイオン交換ケミカルフィルターの特徴をまとめた。

イオン交換ケミカルフィルター用イオン交換不織布には，スルホ基（—SO_3H）を有する強酸性カチオン交換不織布，3級アミノ基（アミノ基：—NH_2）を有する弱塩基性アニオン交換不織布，4級アンモニウム基を有する強塩基性アニオン交換不織布などがある。

アンモニアガスの強酸性カチオン交換不織布を用いたイオン交換による捕捉

表3.4.10 イオン交換ケミカルフィルターの特徴

・極低濃度のイオン性物質の除去に優れている
・下流側への不純物の放出がない
・温度上昇に伴う吸着ガスの再放出がない
・イオン交換不織布の組み合わせが自由である
・既存設備への取付けが容易である

の反応は,

$$NH_3 + H_2O \rightarrow NH_4^+ + OH^-$$
$$R\text{-}SO_3^-H^+ + NH_4^+ + OH^- \rightarrow R\text{-}SO_3^-NH_4^+ + H_2O$$

である。塩基性ガスであるアンモニアはスルホ基で吸着除去され,アンモニウムイオン(NH_4^+)として保持される。

3.5 凝縮による脱臭

3.5.1 凝縮脱臭法—臭気成分を凝縮させる—

凝縮脱臭法は,排ガス中に含まれている臭気物質を凝縮させ液体にして分離除去する操作である。この操作は,凝縮する臭気物質のガスと凝縮しないガスからなる排ガスの系に適用できる。気体をその圧力における沸点以下の温度にすることによって凝縮液化させるか,温度一定のままで圧力をその物質の飽和蒸気圧以上に上げることにより凝縮させる。多くの場合,沸点以下に冷却して凝縮される方法が使われる。凝縮脱臭法は,臭気成分を回収できる大きなメリットがある。排ガス量が少なく臭気成分濃度が高い場合に適している。

処理するのは凝縮させるガスと非凝縮性ガスの混合ガスであるが,圧力としては凝縮ガスの分圧を用いて考えればよい。しかし,実際は非凝縮性ガスが凝縮させるガスの冷却面への拡散を妨げることもあり,単一成分の場合に比べて凝縮器の設計は複雑になる。

図3.5.1に凝縮法のプロセスフローの概略を示す。

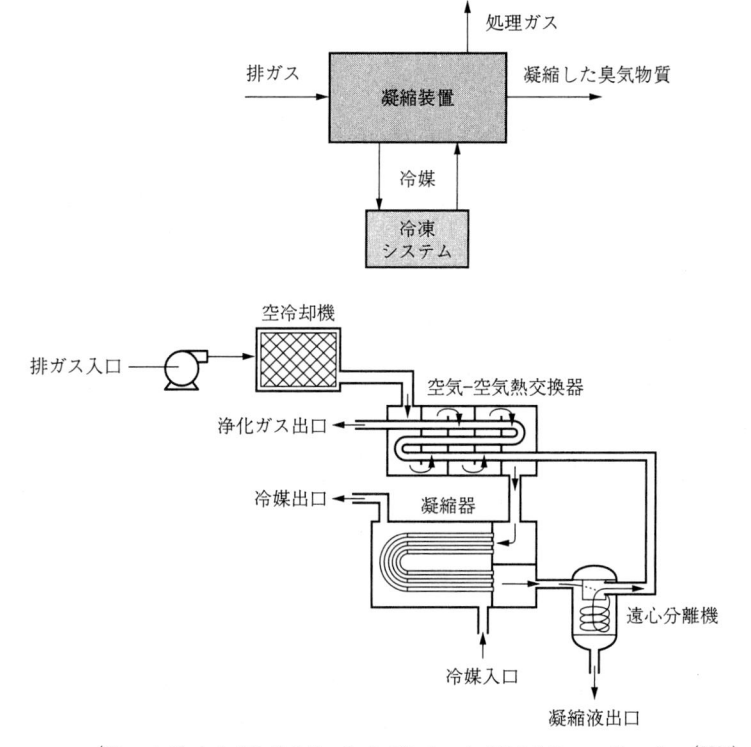

(Wang, L. K. et al., "Air Pollution Control Engineering" Vol. 1 Humana Press Inc. (2004) より)

図3.5.1　凝縮法のプロセスフロー

表3.5.1に使用される冷媒をまとめてある。

3.5.2　凝縮装置―基本は熱交換器―

脱臭に使用される凝縮器としては，大別して表面接触凝縮器と直接接触（混合）凝縮器がある。

表面接触凝縮器は，一般に多管型（シェル&チューブ）熱交換器（**図3.5.2**）で冷却流体はチューブ内を流し，排ガスはチューブの外を流す。伝熱面（チューブ）を介して冷却しシェル側の気体中に含まれる臭気物質を凝縮させる。シ

表 3.5.1 冷媒の選択

凝縮温度（℃）	冷媒
27～38	水
7～16	冷水
−35～7	塩水
−68～−35	冷凍剤

(Schnelle, K. B. and Brown, C. A., "Air Pollution Control Technology Handbook" CRC Press (2002))

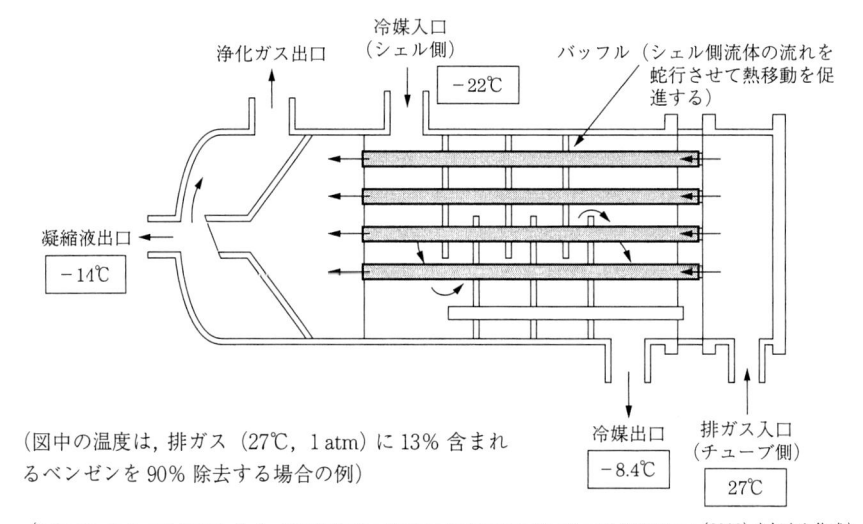

(図中の温度は，排ガス（27℃，1 atm）に 13% 含まれるベンゼンを 90% 除去する場合の例）

(Schnelle, K. B. and Brown, C. A., "Air Pollution Control Technology Handbook" CRC Press (2002) などから作成)

図 3.5.2 シェルアンドチューブ型表面凝縮器

ェルアンドチューブ型表面凝縮器の長所と短所が**表 3.5.2** にまとめられている。

　直接接触凝縮器は，低温の液体をガス流中にスプレーし，気体と直接接触させて気体中に含まれる臭気物質を凝縮させる。構造も簡単で凝縮能力も良い。**図 3.5.3** に示した凝縮器では，内部に多孔板を設けて冷却流体の液柱ジェットを形成させることによりガスとの接触面積の増大が図られている。多孔板の穴から液柱として流下する冷媒の液と排ガスを直接接触させてガス温度を下げ，臭気物質を凝縮させる装置である。

表 3.5.2　シェルアンドチューブ熱交換器型凝縮装置の長所と短所

凝縮装置の形式	長　所	短　所
(水平型) 凝縮チューブ外側	・部分的にフラッド状態で運転される	・抜出しがフリー
凝縮チューブ内側	・液がチューブ内を満たしてスラッギングを起こす	
(垂直型) 凝縮チューブ内側，垂直下降流	・非凝縮ガスが容易に排出される	・濡れたチューブが軽い溶解度の大きな成分を保持する
凝縮チューブ内側，垂直上昇流	・還流が使われる ・通常部分凝縮で操作される ・液と蒸気は良好に接触	
凝縮チューブ外側，垂直下降流	・高い冷媒側熱移動係数が得られる ・洗浄が容易である	・冷媒の分布に注意が必要

(Schnelle, K. B. and Brown, C. A., "Air Pollution Control Technology Handbook" CRC Press (2002) などから作成)

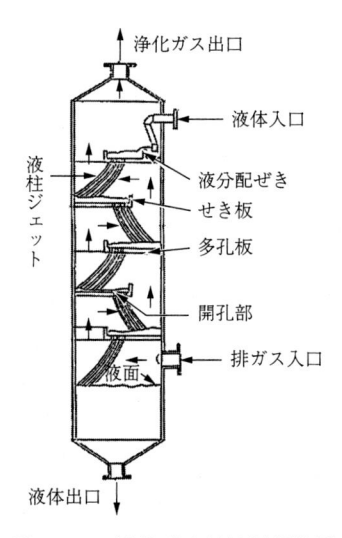

図 3.5.3　液柱式直接接触凝縮器

3.6 生物による脱臭

3.6.1 生物脱臭法の概要―臭気物質は微生物の食料―

微生物を利用して排ガス中の臭気成分を分解処理する方法を生物脱臭法という。微生物が臭気物質を栄養源およびエネルギー源に使うために取り込むのを利用して脱臭する技術である（**図 3.6.1**）。反応は，

臭気物質（C, H, S, P, N）＋ O_2 ＋ 無機栄養源

→ 微生物（増殖）＋ CO_2 ＋ H_2O

と書ける。運転コストが安く，省資源，省エネルギーで維持管理が容易である。さらに，自然現象を利用するものであり，地球環境にも優しい技術であるとして近年注目されている脱臭技術である。もちろん，生物脱臭がむいていない臭気物質も多い。**表 3.6.1** にガスの生分解性を示した。次のことが言われている。

1) 枝分かれは生分解性を悪くする
2) 塩素の数が多くなるほど生分解性は悪くなる
3) 生分解性の順番は，脂肪族＞芳香族＞塩化物＞環状炭化水素＞塩化多環化合物

一般的に，生分解が速いガスには生物脱臭法を適用できる。

バイオフィルターなどの装置内では，担体の周囲に成長した生物膜が臭気成分を取り込み酸化分解するが，その過程の模式図を**図 3.6.2** に示す。臭気ガス

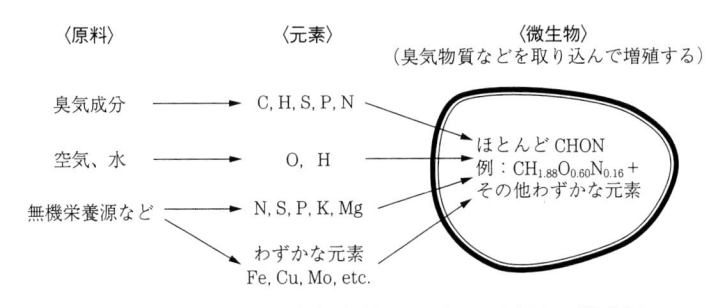

〈原料〉　　　　　　〈元素〉　　　　　〈微生物〉
　　　　　　　　　　　　　　　（臭気物質などを取り込んで増殖する）

臭気成分 → C, H, S, P, N

空気、水 → O, H　　　　　　　ほとんど CHON
　　　　　　　　　　　　　　　例：$CH_{1.88}O_{0.60}N_{0.16}$ ＋
無機栄養源など → N, S, P, K, Mg　その他わずかな元素

　　　　　　　　　わずかな元素
　　　　　　　　　Fe, Cu, Mo, etc.

図 3.6.1 微生物が臭気物質を取り込み分解する模式図

表3.6.1　ガスの生分解性

速い生分解	遅い生分解	非常に遅い生分解
アルコール	炭化水素	塩化炭化水素
アルデヒド	フェノール	多環芳香族炭化水素
ケトン	塩化メチレン	二硫化炭素
エステル		
エーテル		
有機酸		
テルペン		
アミン		
チオール		
硫化水素		
アンモニア		

(Shareefdeen, Z. and Singh, A. Ed., "Biotechnology for Odor and Air Pollution Control", Springer (2008) などより作成)

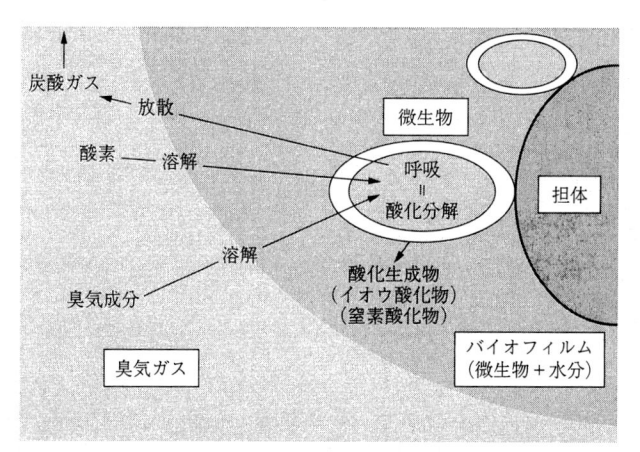

ステップ1：臭気成分と酸素の生物膜に含まれている水への溶解
ステップ2：臭気成分と酸素が微生物に取り込まれる
ステップ3：臭気成分の酸化分解

図3.6.2　生物膜（バイオフィルム）による臭気成分の酸化分解プロセス

はまず水に溶解し，その後微生物の体内に取り込まれ酸化分解される。それゆえ，生物脱臭法では，微生物による酸化分解反応のほかに臭気成分の水への溶解も重要な過程である。

おもな微生物による酸化分解反応の例は，
(a) 硝化菌のニトロソモナス *Nitrosomonas* によるアンモニアの分解
$$NH_3 + 2O_2 \rightarrow HNO_3 + H_2O$$
(b) イオウ酸化菌チオバチラス *Thiobacillus* による硫化水素の分解
$$H_2S + 2O_2 (酸素) \rightarrow H_2SO_4$$
(c) メチルメルカプタンの生分解反応
$$2CH_3SH + 7O_2 \rightarrow 2H_2SO_4 + 2CO_2 + 2H_2O$$
(d) 硫化メチルの生分解反応
$$(CH_3)_2S + 5O_2 \rightarrow H_2SO_4 + 2CO_2 + 2H_2O$$
などである。

すべての微生物がすべての臭気物質を取り込めるわけではない。対象となる臭気物質を取り込む微生物を見つけて育てる（訓養する）必要がある。活性汚泥（単一菌体ではなく多種の菌体の集合体）がよく使われるが，活性汚泥を懸濁した気泡塔（空気を小さな気泡として吹き込む装置）に分解したい臭気物質を少量ずつ入れ，その量をだんだん増加させながら臭気物質を分解できる菌体を育てる。

3.6.2 生物脱臭法の分類
―微生物の生育環境（微生物の状態と水分供給）―

生物脱臭法には，土壌脱臭法（バイオフィルターに含まれることが多い），バイオフィルター法，バイオトリックリングフィルター（散水ろ床）法，バイオスクラバー法，活性汚泥バイオリアクター法，膜バイオリアクター法（第4章）などがある。

微生物に水分を供給するとともに臭気成分が分解して生成する酸化物を洗い流すために，微生物担体に散水される。脱臭塔からのドレイン排水は，必要があればpH調整した後で放流される。バイオフィルター法，バイオトリックリングフィルター法，バイオスクラバー法は充填層式生物脱臭法に属するが，それらは微生物担体の状態と水分供給の違いにより分類されている。**図3.6.3**にそれらがまとめられている。

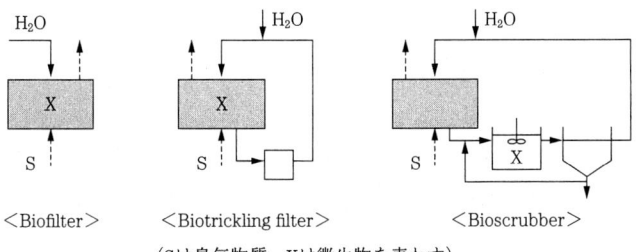

(a) バイオフィルター，バイオトリックリングフィルター，バイオスクラバーにおける微生物の状態と水分供給の違い

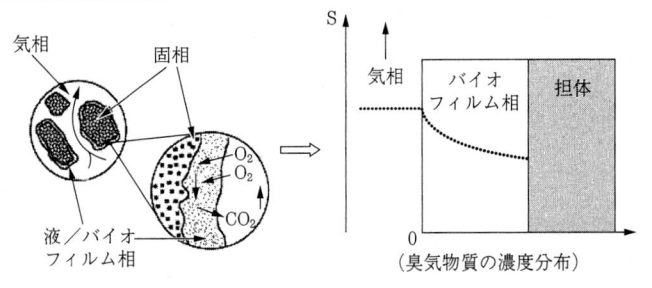

装置タイプ	装置内における微生物の状態	水相の状態
バイオフィルター	固定化状態	停留状態
バイオトリックリングベッド	固定化状態	流動状態
バイオスクラバー	懸濁状態	流動状態

(Sは臭気物質，Xは微生物を表わす)

① バイオフィルター（ガス相，バイオフィルム相と担体を考えてモデル化される）

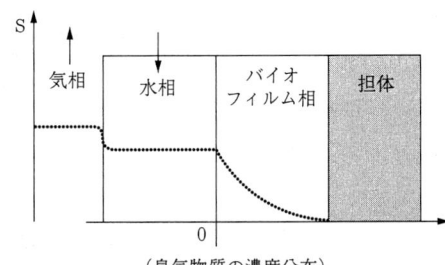

② バイオトリックリングベッドとバイオスクラバー（ガス相，水相，バイオフィルム相と担体を考えてモデル化される）

(b) 臭気物質の生物分解プロセスのモデル化（臭気成分Sの濃度分布）

図 3.6.3 充填層式生物脱臭法における微生物の状態の違いとモデル化

表3.6.2　フルスケールの生物排ガス処理装置の例(10年以上稼働しているプラント)

	工業分野	おもな汚染物質	処理ガス流量 (m^3/hr)
バイオフィルター	化学工業 製薬工業	エタノール，ブチルアルデヒド 臭気	50,000 100,000
バイオトリックリングフィルター	市排水処理場 市排水処理場 工業排水処理場 ビスコース工業 岩綿製造業 塗装工業	H_2S H_2S, メルカプタン，悪臭 H_2S, メルカプタン CS_2, H_2S フェノール，アンモニア アセトン，アセテート，アルコール	800 16,300 700 51,000 12,000 1,200〜3,000
バイオスクラバー	自動車塗装 化学工業 塗装工業 市排水処理場 バイオガス製造	アルコール，グリコール ホルムアルデヒド アルコール，アセテート H_2S, 悪臭 H_2S	12,000 15,000 14,000 6,000 400

(Shareefdeen, Z. and Singh, A. Ed. "Biotechnology for Odor and Air Pollution Control" Springer (2008) などから作成)

表3.6.2に示すように，生物脱臭法は広い分野で使われている。

生物による脱臭操作では，臭気成分と微生物の接触効率が良く，かつ微生物にとって良い生育環境を維持することが重要である。微生物を含んだ液を用いる液相法と固体(担体)表面に固定化した微生物を用いる固相法に大別できる。充填層式生物脱臭法(バイオフィルター，バイオトリックリングベッド，バイオスクラバー)の特性の比較が**表3.6.3**に示されている。**表3.6.4**には充填層式生物脱臭法の長所と短所をまとめた。バイオフィルターは臭気物質濃度が1 g/m^3以下でヘンリー定数H(3.3参照。臭気物質はまず水に溶解しなければならないので重要な物性値である)が10以下，バイオトリックリングベッドは臭気物質濃度が0.5 g/m^3以下でヘンリー定数Hが1以下，バイオスクラバーは臭気物質濃度が5 g/m^3以下でヘンリー定数Hが0.01以下の場合に適用される。

3.6.3　バイオフィルター

(a)　土壌脱臭法

土壌脱臭法(図3.6.4)はバイオフィルターの一種である。土壌あるいは改

表 3.6.3　充填層式生物脱臭法（バイオフィルター，バイオトリックリングベッド，バイオスクラバー）の特性の比較

特　性	バイオフィルター	バイオトリックリングベッド	バイオスクラバー
リアクターの構成	単一のリアクター	単一のリアクター	2つのリアクター
資本および運転コスト	低	比較的高	比較的高
担体	有機物あるいは合成物	合成物	必要ない
リアクターのサイズ	大きな設置面積が必要	装置がコンパクトである	装置は小さい
移動相	ガス	液体	液体
気液比表面積	高	低	低
プロセス制御	限定される	限定される	良好
ガス流量	$100 \sim 150 \ m^3 m^{-2} h^{-1}$		$3,000 \sim 4,000 \ m^3 m^{-2} h^{-1}$
運転	スタートアップ，運転は容易	スタートアップは比較的複雑	スタートアップは比較的複雑
運転の安定性	空気流れのチャンネリングが起こる	水の流れのチャンネリングが起こる	安定性が高い
圧力損失	中程度〜高い	中程度〜高い	低い
目標となる成分濃度	$<1 \ gm^{-3}$	$<0.5 \ gm^{-3}$	$<5 \ gm^{-3}$
適用できる物質のヘンリー定数, H	<1	<0.1	<0.01
栄養源	加えられない	加えて制御できる	加えて制御できる
バイオマス	固定化	固定化	懸濁
充填物の目詰まり	目詰まりが起こる	目詰まりが起こる	目詰まりが起こらない
余剰スラッジ	問題にならない	余剰汚泥の廃棄が必要	余剰汚泥の廃棄が必要

(Shareefdeen, Z. and Singh, A. Ed. "Biotechnology for Odor and Air Pollution Control" Springer（2008）などから作成）

質土壌に臭気を通し，土壌中の微生物により臭気物質を分解する方法で，古くから実用化されている。一般的に，比較的臭気濃度が低い場合に適用される。

　送風機により臭気ガスを土壌層下部に設置した主風道に送り込む。主風道から枝分かれした支風管を通り，砕石や玉石の層，砂層を通過し土壌層に拡散していく。土壌層をゆっくりと通過する際に臭気物質が土壌中の微生物により分解される。乾燥期には，土壌が乾燥して微生物が死滅しないように，土壌層の表面にスプリンクラーなどで散水する。

　臭気成分は土壌粒子に吸着あるいは土壌水分に溶解して土壌中に保持され，土壌中の微生物により無臭な成分に分解される。たとえば，家畜ふん尿処理の堆肥化施設で発生するアンモニアは，土壌水分に溶解して土壌中に保持された

表 3.6.4 充填層式生物脱臭法の長所と短所

装置タイプ	長　所	短　所
バイオフィルター	・運転および資本コストが低い ・除去効率が良い。アルデヒド，有機酸，H_2S などは 99% の除去効率である ・低圧力損失である ・さらに処理を必要とする生成物が生成しない ・低濃度のイオウ化合物の大流量の処理に適している	・操作の履歴が必要 ・微生物の分解能の低下が起こる ・高濃度には適さない ・水分量とpHの制御が難しい ・粒子がフィルター媒体を詰まらせる ・定期的にフィルター媒体を交換する必要がある ・H_2S 濃度が>15 ppmのとき，フィルター媒体が酸性になる
バイオトリックリングベッド	・運転および資本コストが中位である ・除去効率が良い ・低圧力損失である ・酸を生成する汚染物質を処理できる	・微生物の分解能の低下が起こる ・高濃度には適さない ・水分量とpHの制御が難しい ・粒子がフィルター媒体を詰まらせる
バイオスクラバー	・資本コストが低い ・脱臭効率が良い ・低圧力損失である ・さらに処理を必要とする生成物が生成しない ・pH，温度，栄養源などの制御が容易である	・運転コストが高い ・微生物の分解能の低下が起こる ・高濃度には適さない ・水分量とpHの制御が難しい ・粒子がフィルター媒体を詰まらせる

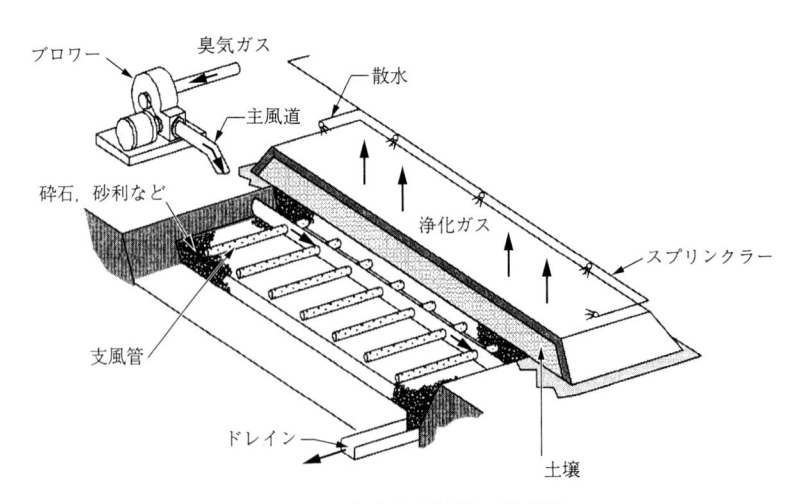

図 3.6.4　土壌脱臭装置の構成例

表3.6.5 土壌脱臭法における土壌の管理

	維持管理	対策
水分	・土壌が乾燥すると微生物が死滅する ・土壌にひび割れが入るとそこから臭気物質が分解されないまま排気されてしまう	・散水する ・土壌水分は 25~35% が適当
pH	・微生物が繁殖しなくなる	・中性（7~8）に保つ ・臭気物質に硫化物が多いと酸性になりやすいので，石灰を散布して pH を調整する
温度	・微生物が繁殖しなくなる	・特に 40℃ 以上の高温ガスを吹き込まないようにする
通気性	・土壌は降雨などにより締め固まる	・土壌を入れ換えするかあるいは耕して土壌を柔らかくして通気性を保つ

のち，好気的条件下（酸素がある状態）において硝化菌などの微生物により亜硝酸や硫酸に変えられる。嫌気的条件下（酸素がない状態）では脱窒菌により硝酸，亜硫酸は窒素ガスに変えられ，無臭なガスとして大気に放出される。これらの菌が生育に適した条件は，温度は約 25℃，水分は約 60%，pH は 7~8 と言われている。土壌脱臭法において土壌の状態の管理は重要である。**表3.6.5** に土壌管理の項目をまとめた。

(b) 充填層式バイオフィルター

充填層式バイオバイオフィルターは，高い気液表面積を持ち水分量が少ないため，水溶性の低い（ヘンリー定数が $H<10$）物質の処理に適している。層高さは一般的には 0.8~1.2 m である。

バイオフィルターには開放型と閉鎖型（**図3.6.5**，**図3.6.6**）がある。

生物脱臭においては，生物を保持する担体（充填材）が重要である。微生物を付着させる担体として，天然物で生物活性のある土壌，ピート（泥炭），コンポスト，樹皮など，あるいは生物活性のない活性炭，セラミックス，焼結ガラス，溶岩，ポリウレタンフォーム，バーミキュライト，（蛭石），パーライト（真珠岩）が用いられる。**表3.6.6** は生物活性と生物不活性な担体の比較である。**表3.6.7** には代表的な担体の特性がまとめられている。

微生物を維持するためには，水分とともに栄養源として N, S, P, K, Mg,

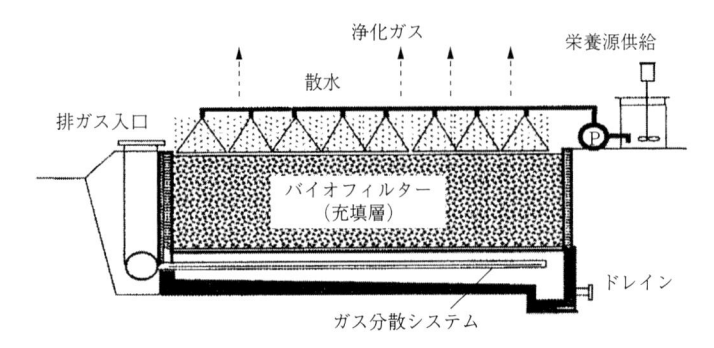

(a) 基本的な開放型バイオフィルター

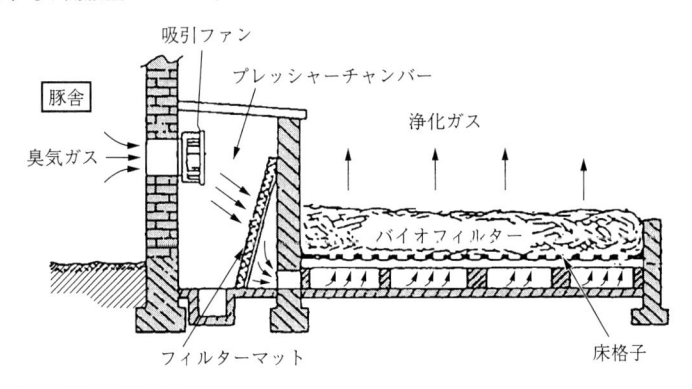

(b) 豚舎のバイオフィルター

(Schnelle, K. B. and Brown, C. A., "Air Pollution Control Technology Handbook" CRC Press (2002) などより作成)

図 3.6.5　開放型バイオフィルター

Ca, Fe, Mn, ビタミンなど定期的に補給する必要がある（**表 3.6.8**）。

表 3.6.9 にバイオフィルターの一般的な運転条件がまとめられている。**表 3.6.10** にはバイオフィルターの維持管理の項目がまとめてある。

3.6.4　バイオトリックリングベッド

バイオトリックリングベッドプロセスは，**図 3.6.7** に示すようになっている。排ガスは，微生物が付着した不活性の担体が充填されている層内を循環液（微生物の栄養源を含む）に対して並流あるいは向流に流される。並流と向流につ

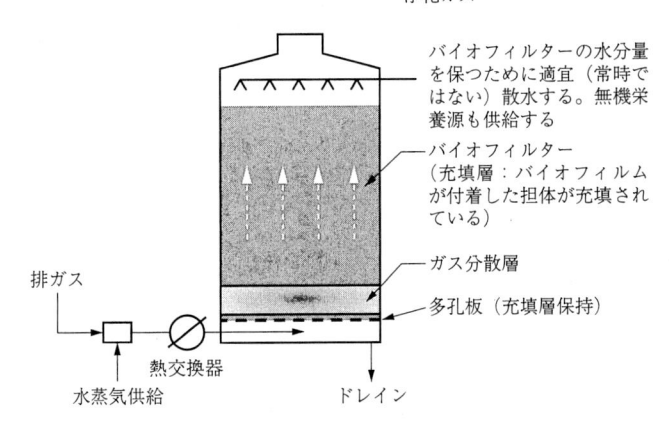

第3章◆脱臭技術

浄化ガス → バイオフィルターの水分量を保つために適宜(常時ではない)散水する。無機栄養源も供給する

バイオフィルター(充填層：バイオフィルムが付着した担体が充填されている)

ガス分散層

多孔板(充填層保持)

排ガス — 熱交換器 — 水蒸気供給 — ドレイン

> フィルター層における水分の分布を均一にするため，ガスをフィルターの上から下降する方向に流す場合もある。フィルター層高さは，1.5〜1.8mが多い。一般的な負荷は50〜150m^{3}m^{-3}hr^{-1}の範囲である

(a) 閉鎖型充填層式バイオフィルター

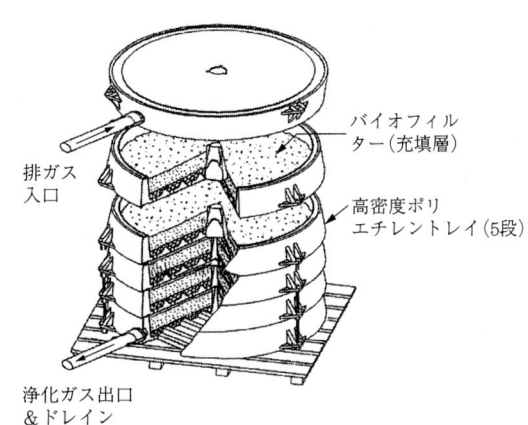

バイオフィルター(充填層)

排ガス入口

高密度ポリエチレントレイ(5段)

浄化ガス出口 & ドレイン

(b) 軽量バイオフィルター

(Devinny, J. S. et al., "Biofiltration for Air Pollution Control", CRC Press (1999) などより作成)

図 3.6.6　閉鎖型バイオフィルター

表3.6.6 生物活性と生物不活性な担体の比較

担体	代表例	特徴
天然物質で生物活性のある材料	土壌 ピート（泥炭） コンポスト 樹皮	・水分，無機栄養分を保持している ・安価で手に入れやすい ・目詰まりしないように粗大な材料と組み合わせて使用される ・pH制御と微生物への栄養源の補給が必要である ・時間経過で担体が分解して，形状が変化して目詰まりを起こしたり，水分保持能力が減少するので，新しい担体を補給して混ぜるか入れ換えをする必要がある ・適当に維持すれば数年間は使用できる
生物不活性な材料	活性炭 セラミックス 焼結ガラス 溶岩 ポリウレタンフォーム バーミキュライト パーライト	・栄養源を保持できないので，栄養源を断続的に供給する必要がある ・分解されないので最適操作条件を維持しやすい

(Devinny, J. S. et al. "Biofiltration for Air Pollution Control" Lews Pub. (1999) などより)

表3.6.7 バイオフィルターに使われる担体の特徴

担体の種類	コンポスト	ピート	土壌	活性炭，パーライト，その他の不活性物質	合成材料
微生物個体密度	高い	中位～低い	高い	無	無
表面積	中位	高い	低い～中位	高い	高い
空気の流通性	中位	高い	低い	中位～高い	非常に高い
消化栄養源含有量	高い	中位～高い	高い	無	無
汚染物質収着能力	中位	中位	中位	低い～高い（活性炭）	無～高い（活性炭で覆われた）
寿命	2～4年	2～4年	>30年	>5年	>15年
コスト	低い	低い	非常に低い	中位～高い	非常に高い
適用性	容易（コスト的に有利）	中位（水分制御が問題）	容易（活性の低いバイオフィルター）	栄養源が必要で，高価（活性炭）	典型的タイプのみ。バイオトリックリングフィルターに使われる

(Devinny, J. S. et al. "Biofiltration for Air Pollution Control" Lews Pub. (1999) などより)

表3.6.8 微生物に与える栄養源

栄養要素	栄養源
窒素	硫酸アンモニウム，硝酸アンモニウム，クエン酸鉄アンモニウム
リン	リン酸二水素カリウム，リン酸水素二カリウム
ミネラル	硫酸マグネシウム，塩化カルシウム，硫酸鉄（Ⅱ）
金属	硫酸亜鉛，塩化コバルト，塩化マンガン，硫酸銅，第二塩化鉄，モリブデン酸ナトリウム，ホウ酸塩，塩化ニッケル（Ⅱ）
ビタミン	ニコチン酸，シアノコバラミン，イノシトール，チアミン—HCl，ピリドキシン—HCl，ビオチン，リボフラビン，葉酸，チオクト酸

表3.6.9 バイオフィルターの一般的な運転条件

パラメータ	数値	注釈
ガス流速	100〜500 (m/hr)	分解速度が遅いのでガス流速は大きくできない
ガス滞留時間	15〜90 (s)	分子の分解しやすさにより変わってくる
層空隙率	0.4〜0.95 (−)	目詰まりを防ぐため大きな値となる
比表面積	300〜1,000 (m^2/m^3)	この値が大きいほど物質移動が良くなり微生物量も増える
フィルター高さ	0.5〜2.5 (m)	滞留時間と圧力損失から決まる
圧力損失	0.1〜1 (mH$_2$O)	目詰まりと担体の圧縮性により変わる
空気湿度	60〜100 (%)	この値が高いほど良い
フィルター内水分量	40〜60 (%)	高過ぎると嫌気になり微生物を死滅させる。移動速度の律速となる
水pH	5〜9	汚染物質の溶解度により異なる
温度	10〜40 (℃)	中温で活発な微生物の場合の温度。高温で活発な場合は50〜70（℃）
訓養時間	10〜30 (day)	汚染物質の生分解性および種菌の使用に依存する
汚染物質濃度	10〜1,000 (mg/m^3)	濃度が高いと阻害物質あるいは副生成物による阻害が起こる
効率	90〜99.9 (%)	汚染物質で異なる
寿命	2〜5 (year)	無機物担体の使用で長くすることができる

(Lens, P. N. L. et al., Ed., "Waste Gas Treatment for Resource Recovery", IWA Pub. (2006), Shareefdeen, Z. and Singh, A. Ed. "Biotechnology for Odor and Air Pollution Control" Springer (2008) などより作成)

いては，向流が良いと言われているが，まだどちらが有利かははっきりしていない。定期的に排ガスの流れ方向を変えるスイング操作も提案されている (Kawase, Y. et al., *J. Hazardous Mat.*, 141, 745 (2007))。バイオフィルターとは違い，バイオトリックリングベッドでは液が常に充填層を流れている。

表 3.6.10　バイオフィルターの維持管理

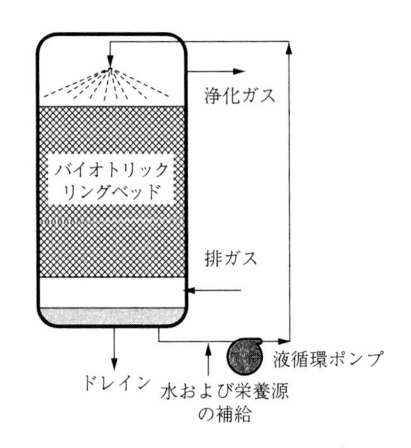

項目	維持管理	対　策
訓養	微生物の活性化	運転開始前に微生物が臭気物質を取り込めるように2週間程度訓養する必要がある
水分	適度の水分保持	循環液を使用するが，長時間使用すると性能が低下するので，適当な間隔で循環液を交換する
pH	微生物が繁殖しなくなる	所定のpHに保つ
温度	微生物の活性が低下する	15～40℃が適温である
排液		別途処理が必要である

図 3.6.7　バイオトリックリングベッドプロセス（向流）

　表 3.6.11 はバイオトリックリングフィルターとバイオスクラバー（後出 3.6.5）における一般的な運転条件をまとめたもので，表 3.6.12 はバイオトリックリングフィルターの維持管理の項目をまとめたものである。バイオトリックリングフィルターとバイオスクラバーについては，菌体が充填層に保持されているかいないかの違いはあるが，バイオフィルターとは違い両方とも水は循環しており（図 3.6.3），運転条件などほぼ同じと考えてよい。

表 3.6.11　バイオトリックリングフィルターとバイオスクラバーの一般的な運転条件

パラメータ	数値	注　釈
液速度	0.05～20(m/hr)	水相における物質移動とフラッディング点から決まる。速度が速いほど物質移動はよくなるが，バイオマスが流出する
液ホールドアップ	＜5（%）	
ガス流速	100～1,000(m/hr)	分解速度が遅いのでガス流速は大きくできない
ガス滞留時間	＜60（s）	通常 10～30 s（2～5 s の場合もある）。バイオフィルターに比べ短い
層空隙率	0.5～0.95（－）	目詰まりを防ぐため大きな値となる
比表面積	100～400(m^2/m^3)	この値が大きいほど物質移動が良くなり微生物量も増える。バイオフィルターに比べ小さい
フィルター高さ	10～15（m）	滞留時間と圧力損失から決まる。充填物が軽ければ高くできる
圧力損失	0.1～0.5(mH_2O)	目詰まりと担体の圧縮性による。高ガス流速でも圧力損失は小さい
空気湿度	60～100（%）	この値が高いほど良い
水 pH	5～9	汚染物質の溶解度による
温度	10～40（℃）	中温で活発な微生物の場合の値。高温で活発な場合は 50-70（℃）
訓養時間	8～30（day）	汚染物質の生分解性および種菌の使用に依存する
汚染物質濃度	1～1,000(mg/m^3)	濃度が高いと阻害物質あるいは副生成物による阻害が起こる
効率	90～99（%）	汚染物質で異なる
寿命	2～5（hr）	無機物担体の使用で長くすることができる

(Lens, P. N. L. et al. Ed., "Waste Gas Treatment for Resource Recovery", IWA Pub.（2006）, Shareefdeen, Z. and Singh, A. Ed. "Biotechnology for Odor and Air Pollution Control" Springer（2008）などより作成）

3.6.5　バイオスクラバー

　ガス相の臭気物質はスクラバー塔（充填塔，ベンチュリースクラバー，スプレー塔などが使われる）において循環液に吸収される。臭気物質を溶解した液は微生物（活性汚泥がよく使われる）が懸濁したバイオリアクター（酸化リアクター）に入り，そこで臭気物質は分解処理される。微生物の成長と活性を維持するために栄養源の添加と pH の制御が行われる。余剰汚泥は連続的に抜き出される（図 3.6.8）。なお，既設の活性汚泥排水処理施設があり，その曝気

表 3.6.12 バイオトリックリングフィルターの維持管理の項目

設計および操作パラメータ	特性
充填材	寿命は 10 年を超えるので,入れ替えを考える必要はない
充填材サイズ	広い範囲,たとえば直径 5～30 mm の溶岩
空塔滞留時間（EBRT）	10～30 s（2～5 s と低い場合もある）
ガス温度	10～30℃（60～70℃ の場合もある）
液循環流速	0.01～10 m/hr と範囲は広い（平均は 0.1 m/hr）
循環液の pH	VOC の場合約 7（H_2S 処理の場合は 1～2）
監視パラメータ	温度,pH,再循環液の溶存酸素と伝導度,液供給速度,トリックリング流速,汚染物質の入口と出口濃度,圧力損失
制御パラメータ	液供給速度,pH,ポンプ停止に関連して低液レベル（ただし,水が層内を流動しているので,水分,温度,pH,塩,代謝産物の蓄積の制御は容易）
埃やグリースを含む排ガスの処理	処理可能である
脱臭できる物質の範囲	代謝産物が容易に放出されるので,バイオフィルターより広い範囲の物質に適用されている

(Shareefdeen, Z. and Singh, A. ed. "Biotechnology for Odor and Air Pollution Control" Springer (2008) などより)

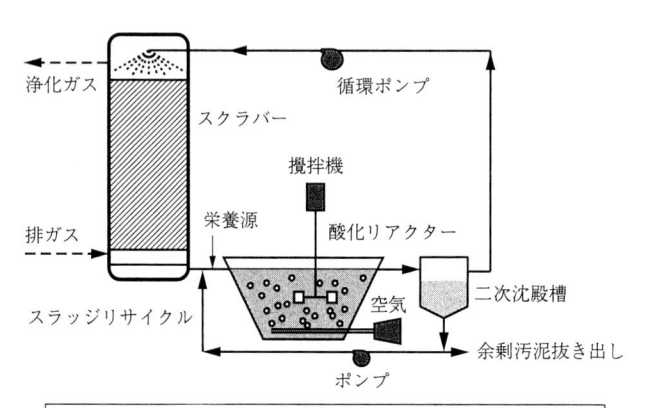

スクラバーでは,臭気物質が液に吸収される。酸化リアクターでは,溶解した臭気物質が微生物に取り込まれ酸化分解される

図 3.6.8 バイオスクラバープロセス（向流）

表 3.6.13 バイオスクラバープロセスにおける吸収塔の種類とその特性

塔形式	流れおよび場所	典型的なガス流速 (m/s)	圧力損失
充填塔	向流	1.5～3.0	1.5～3.0 (cmH_2O/m)
	並流	3～20	8～25 (cmH_2O/m)
	十字流	1.5～3.0	10 (cmH_2O)
液体サイクロン	入口の流速	10～25	
	見かけ流速	3～5	10 (cmH_2O)
スプレー塔	向流	1.0～2.5	8～25 (cmH_2O)
ベンチュリースクラバー	スロート	40～50	20～30 (cmH_2O)

(Shareefdeen, Z. and Singh, A. Ed., "Biotechnology for Odor and Air Pollution Control", Springer (2008) などより)

表 3.6.14 バイオスクラバーの維持管理項目

項 目	維持管理	対　策
訓養	微生物の活性化	即日から活性があることが多いが、1週間程度訓養する必要がある場合もある
pH	微生物が繁殖しなくなる	pHが変化する場合は所定のpHに保つ操作が必要である
温度	微生物の活性が低下する	10～40℃。20～35℃が望ましい
活性汚泥	長期間使用すると活性が低下する	適宜入れ換える

量(空気吹き込み量)より脱臭ガス流量が小さい場合は、後述の活性汚泥曝気脱臭法の方が有利である。バイオスクラバーの運転条件は表 3.6.11 にまとめられている。

バイオスクラバーに使われる吸収塔(本章 3.3 吸収(洗浄)法で使われる装置と同じ)の典型的な条件を**表 3.6.13** にまとめてある。

バイオスクラバーの維持管理で重要な項目を**表 3.6.14** に示した。

3.6.6　活性汚泥曝気法

活性汚泥法は排水処理として広く利用されている。この排水処理は好気的微生物処理であり、排水中に含まれている有機物などが汚泥中に含まれている微生物の栄養源そしてエネルギー源として取り込まれることにより排水が浄化される。この処理が行われるリアクターが曝気槽であり、酸素を微生物に供給す

曝気槽
活性汚泥により好気的に排水中の有機物を分解

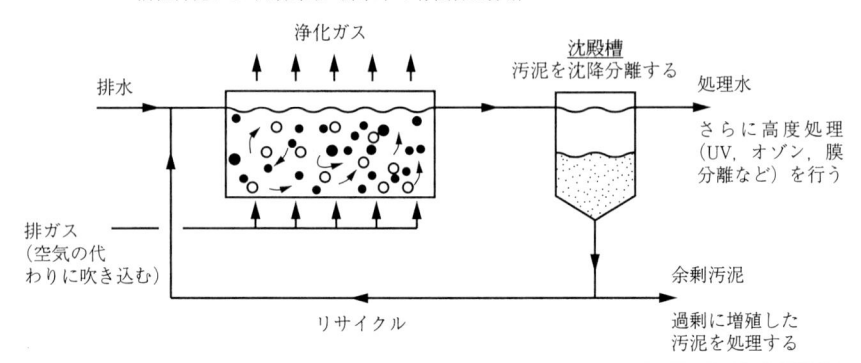

沈殿槽
汚泥を沈降分離する

排水 → 浄化ガス → 処理水 → さらに高度処理（UV，オゾン，膜分離など）を行う

排ガス（空気の代わりに吹き込む）

リサイクル

余剰汚泥 過剰に増殖した汚泥を処理する

> 好気的状態（酸素を供給する状態）で多種類の微生物の集合体である活性汚泥による排水処理（排水中の有機物は炭素源あるいはエネルギー源として微生物の増殖に使われる：有機物 + O_2 → 微生物 + CO_2 + H_2O）を行う曝気槽に，普通の空気を吹き込む代わりに臭気物質を含む排ガスを吹き込み，排水処理と同時に脱臭処理を行うプロセスである

図 3.6.9　活性汚泥曝気バイオリアクター

るために空気が吹き込まれる。この曝気空気の代わりに，臭気物質を含む排ガスを吹き込む方法である（**図 3.6.9**）。排水処理と同時に脱臭処理を行うプロセスである。

活性汚泥は，多種類の好気性の細菌類，原生動物などの微生物を含む黒色ないし茶褐色の泥状のものである。**図 3.6.10** に活性汚泥中に生息しているおもな微生物を示した。

表 3.6.15 に活性汚泥曝気法の長所と短所がまとめてある。

3.6.7　回転円板バイオリアクター

排水処理に使われている回転円板バイオリアクターを脱臭に使う技術も開発されている（**図 3.6.11**）。回転軸に並列に取り付けられた円板体（直径4〜5 m。材質は高密度ポリエチレンなど）に固着させた微生物膜を利用して，排水の浄化を行う。円板は，その面積の約40%を汚水中に浸漬させた状態で，ゆっくり回転させる。汚水から出て空気に触れている期間に生物膜は酸素を吸収し，汚水中では汚濁成分を吸着して好気的に分解する。新しい微生物が増殖を

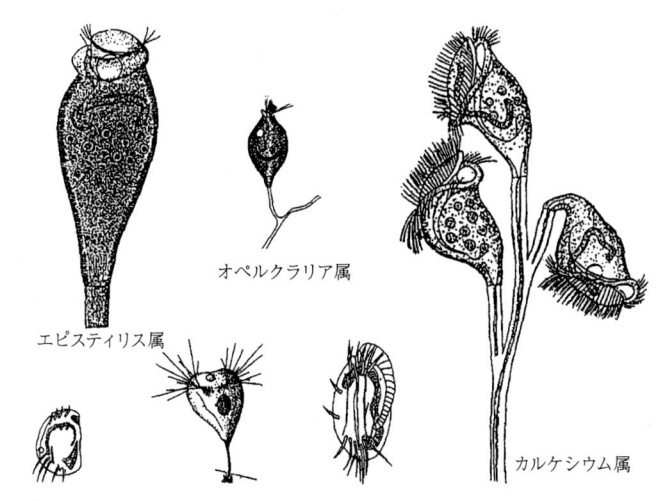

図 3.6.10　活性汚泥中に生息する代表的な微生物

表 3.6.15　活性汚泥曝気法の長所と短所

長所	短所
・既存の活性汚泥排水処理装置が使える ・大容量の経済的な処理が可能である ・運転が簡単である ・脱臭操作のために化学物質を加える必要がない	・律速段階がガスの溶解である ・硫化水素以外の臭気成分の処理能力は限定される ・制御が難しい ・性能の安定性に不安がある

（Burgess, J. E. et al., Biotechnology Advances, 19, 35（2001）などより）

する一方，古い微生物は活性の低下したものから脱落していく。この装置で，空気の代わりに排ガスを供給し，微生物に酸素のほかに臭気物質も取り込ませて分解させる技術である。

3.6.8　生物脱臭法の性能評価—脱臭容量と脱臭効率—

　生物脱臭法の性能評価には，脱臭効率（RE）の他に単位リアクター体積当たりの処理量と定義される脱臭容量（EC）が使われる。処理負荷（単位リアクター体積当たりの臭気物質入量）が増加すると，脱臭容量は低下し100%の

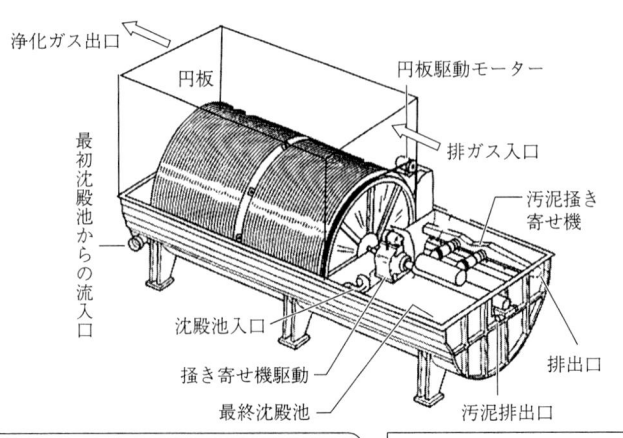

浄化ガス出口
円板
円板駆動モーター
最初沈殿池からの流入口
排ガス入口
汚泥掻き寄せ機
沈殿池入口
掻き寄せ機駆動
最終沈殿池
排出口
汚泥排出口

| 円板が空気中に出ている時に生物膜上の排水に酸素が溶解する。付着生物は排水中の有機物を取り込み酸化と同化を行う。円板がタンク内の排水中を通過する時に過剰な付着生物は円板の表面から剥離する | 排水処理と同時に排ガス処理も行う。空気の代わりに臭気成分を含むガスを流し，生物膜に臭気成分を取り込ませて酸化分解させることにより脱臭する |

(a) 回転円板バイオリアクター

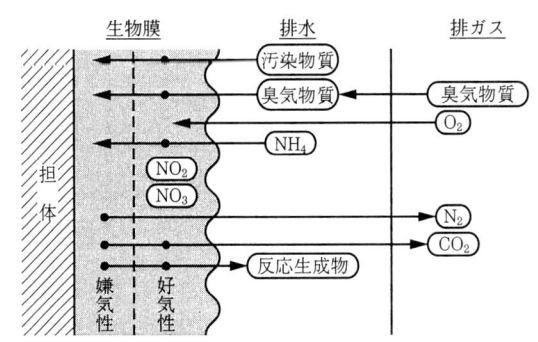

生物膜　排水　排ガス
汚染物質
臭気物質 ← 臭気物質
O_2
NH_4
NO_2
NO_3
N_2
CO_2
反応生成物
担体
嫌気性　好気性

(b) 円板上に付着している生物膜における代謝の概念図

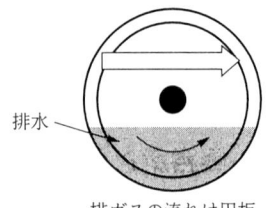

排水

排ガスの流れは円板の面に平行に沿って

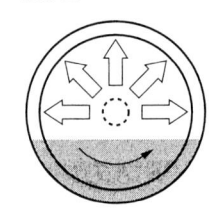

排ガスの流れは回転シャフトから出て放射状に円板の面に沿って流れる

(c) 排ガスの流れ方式

(van Groenestijn, J. W. and Kraakman, N. J. R., *Chem. Eng. J.*, 113, 85 (2005) などより)

図 3.6.11　回転円板バイオリアクター脱臭装置

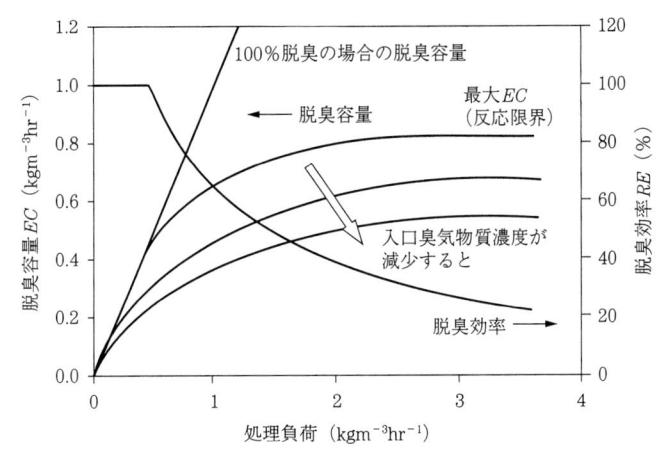

図3.6.12 生物脱臭法の性能評価

脱臭効率が達成できなくなる（**図3.6.12**）。

3.7 消臭・脱臭剤による脱臭

3.7.1 消臭・脱臭剤法の分類—マスキングと中和—

　臭気に消臭剤を噴霧したりして，臭気レベルを低下させる方法である。おもに身近な家庭など小規模な範囲で使われてきたが，業務用，工場，事業場などでも使われる。市場としては家庭用が大きい部分を占めている。

　消臭剤にはマスキング剤と中和剤がある（**表3.7.1**）。マスキング剤は芳香により悪臭を隠す方法である。悪臭物質に対して適正なマスキング剤を選定すれば有効である。中和剤は，悪臭をある種の芳香化合物と反応させて，臭いのない物質（いまのところ無臭になる組み合わせは発見されていない）あるいは嗅覚閾値が高い物質（臭いを感じにくい物質）に変化させる。

　表3.7.2と**表3.7.3**に，消臭・脱臭法の原理とその手法に基づいた消臭・脱臭剤の分類をそれぞれまとめた。

　マスキングでは，悪臭成分よりも閾値よりの小さい芳香成分を加えて嗅覚の

表 3.7.1　消臭・脱臭剤の種類

消臭法	概要	消臭剤	対象となる悪臭物質
マスキング剤	悪臭物質よりさらに強い臭気物質を作用させてその悪臭を感じなくさせる	木酢液，樟脳，パラジクロルベンゼン	硫化水素，メチルメルカプタン，トリメチルアミンなど
中和剤	悪臭物質にある種の芳香化合物を作用させ，そのときに生じる複合臭の臭気レベルがもとのレベルより低くさせる	樟脳とオーデコロン　エチルメルカプタンとユーカリ油	アンモニア，硫化水素，アミンなど

表 3.7.2　消臭・脱臭法の原理

物理的消臭	多孔質物質や溶剤などの吸着，吸収，被覆作用などを利用して，物理的に臭気を除去・緩和する。換気や密閉等により臭気を除去，軽減する
化学的消臭	中和反応や酸化還元反応などの各種化学反応を利用して，化学的に臭気を除去・緩和する
生物的消臭	微生物で有機物を分解したり，薬剤の防腐・殺菌作用を使い細菌による腐敗を防ぐことなどを利用して，生物的に臭気を除去，緩和する
感覚的消臭	香料や精油等の芳香作用，マスキング作用，中和作用などを利用して，感覚的に悪臭を緩和する

表 3.7.3　手法による消臭・脱臭剤の分類

感覚的	マスキング剤	・匂いの強い芳香剤でマスクする
	中和剤	・植物性精油（アビエス油，ヒノキ油など）をブレンドしたもので匂いの感覚的中和をする
化学的	酸化剤	・酸化作用のある次亜塩酸ソーダで分解する
	中和剤	・酸性剤やアルカリ性で中和する
	脱硫剤	・硫酸鉄や塩化鉄を使用してイオウ化合物を除去する
	付加・重合剤	・フマール酸エステルやメタアクリル酸エステルで消臭する
吸着	物理吸着剤	・活性炭，ゼオライト，シリカゲルなどの多孔質により物理吸着除去する
	化学吸着剤	・添着活性炭，イオン交換樹脂により化学吸着除去する
生物的	微生物剤	・土壌，活性汚泥などを利用
	殺菌性剤	・臭気を発生する発酵菌やカビ類を抑制する

生理的刺激を変化させたり，悪臭成分より生理的刺激の強い香料を加えて悪臭を感じにくくする。また，悪臭物質よりも蒸気圧の高い芳香成分を用いて悪臭物質の蒸気分圧（蒸気濃度）を小さくすると，悪臭物質の濃度が閾値以下になり臭いを感じなくなる。

典型的な化学的消臭剤としてラウリルメタクリレート，ゲラニルクロトネート，ジヘキシルフマレートなどがあるが，いずれの分子も—C＝C—CO—の原子団を含んでいる。臭気物質がメチルメルカプタンの場合，この原子団の二重結合に酸化剤の存在下でできるCH_3Sラジカル（$CH_3S\cdot$）が付加することにより無臭化される。化学反応によって悪臭物質が消臭剤に捕捉される。グリオキザール水溶液（グリオキザールは水和してテトラアルコールとして存在）の場合，アンモニアや硫化水素と反応して悪臭物質が消臭剤に捕捉され無臭化される。

3.7.2　使用方法—噴霧して臭気レベルを下げる—

消臭剤をできるかぎり細かい粒子（霧状）にし，その微粒子を地上に落下するまでに気化させ，消臭剤成分の芳香性の臭気ガスと悪臭ガスとを混合させる。その方法として噴霧法，散布法，添加法，発散法などがある（**表3.7.4**）。消臭剤の噴霧方式として，超音波による微粒子化方式，消臭剤液中に空気を圧送して発散させるバブリング方式，消臭剤に熱を加えて芳香成分を気化させる加熱方式などがある。消臭剤を比較的粗く散布し，おもに液滴への溶解，吸収により臭気物質を除去する方法もある。消臭剤には，芳香性あるいは化学反応性を持つ消臭剤が用いられる。

各メーカーから多くの消臭剤が市販され，家庭用はもちろん業務用としても広く使用されている（**表3.7.5**）。市販されているトイレ消臭剤の多くは，シリカゲル，天然ゼオライトの粉末または顆粒に芳香剤，消臭液，酸性・アルカリ性の薬剤を含浸あるいは担持させたものである。

表3.7.4　消臭剤の使用方法

使用方法	消臭剤	消臭原理	消臭対象
噴霧	液体	悪臭に消臭剤を噴霧し，臭気物質と接触させて臭気レベルを下げる	・湿度の高い排気に効果がある ・中濃度以下の臭気特に低濃度の悪臭に適する ・食品加工工場，下水・汚水貯留槽などに使われる
中和	気体	悪臭に消臭剤を混入し，臭気物質と接触させて臭気レベルを下げる	・湿度の低い排気に効果が高い ・低濃度の臭気に適する ・長時間あるいは連続して臭気が発生する場所に適している
拡散	気体	悪臭のする場所に消臭剤を拡散させ，臭気物質と接触させて臭気レベルを下げる	・臭気のある室内 ・低濃度以下の臭気
散布	液体	悪臭発生源に消臭剤を人手で散布し，臭気の発生を減少させる	・臭気発生物が堆積している場所 ・低濃度臭気が短時間出る場所に適している ・生ゴミ置場，廃棄物処理場などに使われる
被覆	固体	悪臭発生源を固体消臭・脱臭剤で覆い，発生する臭気を減少させる	・臭気発生物の堆積している生ゴミ置場などに使われる
滴下・溶解	液体	悪臭液体に消臭剤を滴下あるいは溶解させ臭気の発生を低減する	・下水，汚水の滞留する場所など

表3.7.5　消臭・脱臭法の適用業種と悪臭物質

適用業種	悪 臭 物 質
ごみ処理施設	硫化水素，メチルメルカプタン，硫化メチル，アンモニア
厨房排気	硫化水素，メチルメルカプタン，アンモニア，アセトアルデヒド
ごみ集積場	硫化水素，トリメチルアミン，アンモニア
公衆トイレ	アンモニア，硫化水素，メチルメルカプタン，二硫化メチル

参 考 文 献

1) 石黒辰吉（監），「防脱臭　技術集成」，エヌ・ティー・エス（2002）
2) 岡田誠之，「生活とにおい」，理工図書（1995）
3) 川瀬義矩，「生物反応工学の基礎」，化学工業社（1996）

4) 川瀬義矩,「環境問題を解く化学工学」, 化学工業社 (2001)
5) 荘司菊雄,「においのはなし」, 技報堂出版 (2001)
6) 檜山和成,「実例にみる脱臭技術」, 工業調査会 (2003)
7) Cheremisinoff, N. P., "Handbook of Air Pollution Prevention and Control", Butterworth-Heinemann (2002)
8) Devinny, J. S., Deshusses, M. A. and Webster, T. S., "Biofiltration for Air Pollution Control", Lewis Pub. (1999)
9) Kennes, C. and Veiga, M. C. (Ed.), "Bioreactors for Waste Gas Treatment", Kluwer Academic Pub. (2001)
10) Lens, P. N. L., Kennes, C., Le Cloirec, P. and Deshusses, M. A. (Ed.), "Waste Gas Treatment for Resource Recovery", IWA Pub. (2006)
11) Schnelle, K. B. and Brown, C. A., "Air Pollution Control Technology Handbook", CRC Press (2002)
12) Shareefdeen, Z. and Singh, A. (Ed.), "Biotechnology for Odor and Air Pollution Control", Springer (2008)
13) Wang, L. K., Pereira, N. C. and Hung, Y. -T. (Ed), "Air Pollution Control Engineering", Humana Press (2004)

第4章
脱臭技術の今後

本章では，最新の脱臭技術について解説する。
「環境に優しい」をキーワードとして，すでに使われはじめている脱臭技術もあるが，その原理がまだよくわかっていない部分も多いことを知る必要がある。

4.1 進化する脱臭技術—高脱臭効率，省エネ，グリーンがキーワード—

より脱臭効率が高く，エネルギー消費の少ない，そして環境に優しい脱臭技術を目指して新たな開発が活発に行われている。特に最近注目されている技術は，強力な酸化反応により分解する促進酸化法と膜を有効に利用しようとする方法である。

4.1.1 促進酸化法（AOP）
―ヒドロキシラジカルを生成させる―

強力な酸化分解反応により臭気物質を分解して脱臭する技術はすでに使われている。非常に強力な酸化剤であるラジカルは，光触媒，紫外線，オゾン，プラズマなどを用いて作られる。家庭用も含めて空気清浄機にもラジカルを生成させて脱臭する技術は使われているが，その脱臭技術の効果や原理の解説にはあやふやな表現が多いので注意が必要である。

ラジカルは，不対電子をもつ原子や分子，あるいはイオンのことである。ラジカルは反応性が高く，生成するとすぐにほかの原子や分子との間で酸化還元反応を起こし，ラジカルは安定な分子やイオンとなる。促進酸化法で最も重要な働きをしていると考えられているのが，ヒドロキシラジカル（・OH）である。**表4.1.1**に示すように，ヒドロキシラジカルは非常に大きい酸化力を持っている。

ヒドロキシラジカルについては，最近いろいろな書籍が出版されるなど注目されているが，その寿命は100万分の1秒程度と言われて非常に短いために実験が難しいこともあり，ヒドロキシラジカルの実体はまだ明らかではない。書籍あるいは企業のパンフレットなどでは，残念ながら科学的ではないラジカルの説明がなされていることも多い。

光触媒，オゾン，紫外線，過酸化水素などによる酸化分解法を組み合わせた促進酸化法による脱臭技術も検討されている。さらに，生物処理と光触媒法の

表4.1.1 酸化剤の酸化還元電位

酸化剤	酸化還元電位（V）
フッ素（F_2）	2.87
ヒドロキシラジカル（・OH）	2.85
原子酸素（O）	2.42
オゾン（O_3）	2.07
過酸化水素（H_2O_2）	1.78
ヒドロペルオキシラジカル（HOO・）	1.70
過マンガン酸イオン（MnO_4^-）	1.70
次亜塩素酸（HClO）	1.63
塩素（Cl_2）	1.40
重クロム酸イオン（$Cr_2O_7^{2-}$）	1.33
酸素（O_2）	1.23

（ORP：酸化剤の酸化還元電位（酸化しやすいか還元しやすいかを表わす指標。プラスの数値が大きいほど酸化する能力（酸化力）が大きく，マイナスの値が大きいほど還元する能力（還元力）が大きいことを表わす）

組み合わせなどについても数多くの提案が出されている。

4.1.2 膜分離—気体透過膜—

　水処理に使われていた膜分離操作が，最近排ガスに含まれている臭気物質の除去に使われている。気体の膜透過性の違いを利用して，排ガス中に含まれる臭気成分のみを膜透過させることにより脱臭する技術である。特に，生物脱臭法と組み合わせた膜バイオリアクター法の開発が活発である。塩素系化合物の除去に有効であると言われている。

4.2　光触媒による脱臭

4.2.1　酸化チタン光触媒—太陽光の利用を目指して—

　光の照射により触媒として作用する光触媒の脱臭への活用が注目されている。

(a) 酸化チタン（TiO_2）

最も有名な光触媒は酸化チタンである。酸化チタン光触媒を使った空気清浄機はすでに市販されている。半導体光触媒である酸化チタンを使っての脱臭の原理は，**図 4.2.1** に示すとおりである。

酸化チタンにバンドギャップ（結晶構造がアナターゼ型の場合は 3.2 eV，ルチル型の場合は 3 eV）以上のエネルギーを持つ光（紫外線は 3 eV 以上のエネルギーを持つ）を照射すると，価電子帯の電子が励起して伝導帯に移動し，電子（e^-）と正孔（h^+）ができる。電子は触媒表面に吸着した酸素と反応してスーパーオキサイドアニオン（O_2^-）を生成する。一方，正孔は水あるいは

> 光照射により生成した電子と正孔は，通常すぐに再結合するが，電子が触媒表面に吸着した酸素分子と結合してスーパーオキサイドアニオンを生成することにより再結合が阻止されるため，正孔がOHラジカルを生成できるので強力な酸化分解反応が起こる

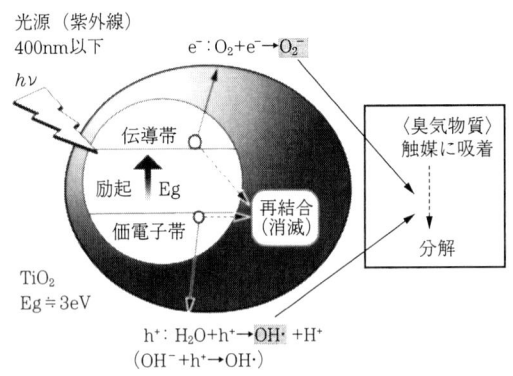

$TiO_2 + h\nu \rightarrow e^- + h^+$（光照射による励起）

（触媒上で起こっていると考えられる反応）
$e^- + O_2 \rightarrow \cdot O_2^-$
$\cdot O_2^- + H^+ \rightarrow \cdot HO_2$
$2 \cdot HO_2 \rightarrow O_2 + H_2O_2$
$H_2O_2 + \cdot O_2^- \rightarrow \cdot OH + OH^- + O_2$
$h^+ + OH^- \rightarrow \cdot OH$
$h^+ + H_2O \rightarrow \cdot OH + H^+$

> 二酸化チタンに紫外線を含む光を照射しラジカルを生成する。そのラジカルの強い酸化力によって臭気物質を分解して脱臭する。OHラジカルは強力な酸化力を持つために有機物から電子を奪い，自分自身が安定になろうとする。このようにして，電子を奪われた有機物は結合を分断され，最終的には二酸化炭素や水となり大気中に拡散していく

光源（紫外線）400nm以下
$h\nu$
$e^-: O_2 + e^- \rightarrow O_2^-$
伝導帯
励起 Eg
価電子帯
再結合（消滅）
〈臭気物質〉触媒に吸着
分解
$h^+: H_2O + h^+ \rightarrow \cdot OH + H^+$
（$OH^- + h^+ \rightarrow OH \cdot$）
TiO_2
$Eg \fallingdotseq 3eV$

図 4.2.1　半導体光触媒（酸化チタン）による臭気物質の分解

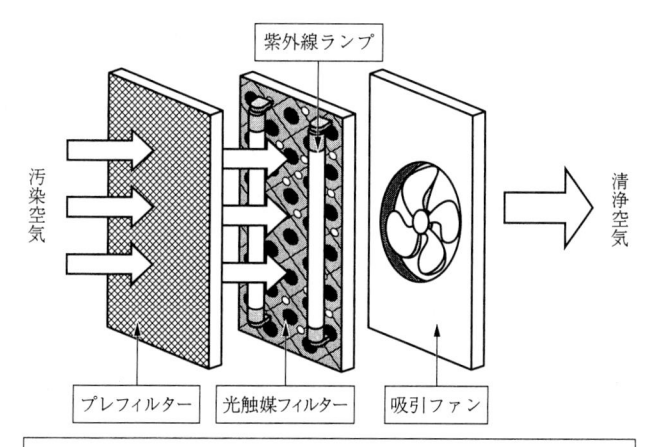

図4.2.2　市販の空気清浄機の構造例

光触媒フィルターにおいて，いかに多くの臭気物質を光触媒と接触させられるかが設計のポイントである

水酸基イオンOH^-と反応してOHラジカル（・OH：ヒドロキシラジカル）を生成する。臭気物質の分解は，電子と酸素から生成するスーパーオキサイドアニオン（O_2^-）ではなく，おもに正孔がOH^-イオンと反応して生成するOHラジカルにより起こると言われている。

　臭気物質が分解されるためには，臭気物質分子が光触媒の表面に吸着されなければならない。また酸素と水またはOH^-イオンが必要である。そのため，脱臭装置は，臭気物質が光触媒とうまく接触して吸着され，かつ紫外線がうまく当たるように設計されなければならない。図4.2.2に市販されている空気清浄機の構造の模式図が示されている。いかに臭気成分を光触媒に吸着させるかが重要であり，活性炭の吸着力と酸化チタンの分解力を一体化した光触媒活性炭も開発されている。

　光触媒を担持するフィルターの材質は，初期のころはハニカム型紙フィルターが多く使われたが，最近ではセラミックスやガラス繊維が使われている。ハニカム状（蜂の巣状，図3.2.5）の構造にしたフィルターに酸化チタン粒子を付着させることにより，臭気物質を含むガスと接触する面積を大きくし，臭気物質の光触媒への吸着量を増加させて効率よく脱臭しようとするものである。

酸化チタンと同じ半導体光触媒には酸化亜鉛（ZnO），酸化スズ（SnO_2）などがある。

(b) 光源—触媒活性の原動力—

　光触媒に照射する光源としては，ブラックライト，水銀ランプ，殺菌灯が使われてきたが，短波長 LED（発光ダイオード）を用いたコンパクトで低消費電力の空気清浄機が期待されている。工業規模のプラントの場合は，UV（紫外線）ランプなどを使用する代わりに，無尽蔵の太陽光を使用したいところである。可能になれば，環境にも優しい技術である。しかし，太陽光には紫外線が3〜4％程度しか含まれていない（**図4.2.3**）。そのため，より波長の長い（エネルギーの低い）光でもOHラジカルなどが生成できる新規の光触媒の開発が行われている。工業規模での実用化には，電気料金のかかるUVランプではなく，無料の太陽光を使える可視光応答型光触媒の開発が鍵である。

(c) 臭気物質の分解

　完全に二酸化炭素と水まで酸化しないと，中間生成物（部分酸化物）であるアセトアルデヒドや酢酸などが生成し，かえって臭いがきつくなる場合もあるので注意が必要である。

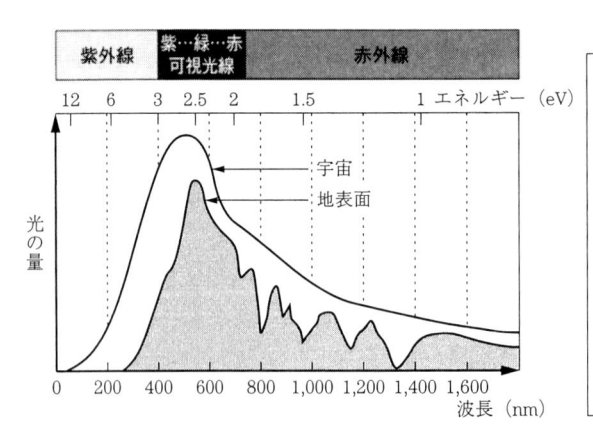

図4.2.3　太陽光のエネルギー

表 4.2.1　TiO_2 による臭気物質の分解
（濃度が 1/2 になるのにかかる時間（$t_{1/2}$ 半減期））

臭 気 物 質	$t_{1/2}$ (min)
アセトアルデヒド	6.30
イソブチルアルデヒド	88.9
トルエン	11.7
メチルメルカプタン	5.33
硫化水素	5.33
トリメチルアミン	4.33

(Canela et al., *Environ. Sci. Technol.*, 33, 2788 (1999) の表より作成)

表 4.2.1 に臭気物質の光触媒による分解速度を表わす半減期を示した。トリメチルアミンはかなり分解されやすいが、イソブチルアルデヒドは酸化チタン光触媒ではなかなか分解されないことがわかる。光触媒に得意と不得意な臭気物質があるようであるが、その理由は明らかではない。

4.2.2　フェントン反応とフォトフェントン反応
　　―鉄光触媒による反応吸収―

2 価の鉄イオン（Fe^{2+}）が過酸化水素（H_2O_2）と反応するとヒドロキシラジカル（・OH）を生成するフェントン反応は古くから知られている。

$$Fe^{2+} + H_2O_2 \rightarrow Fe^{3+} + \cdot OH + OH^-　（フェントン反応）$$

紫外線を照射されると、3 価の鉄イオン（Fe^{3+}）が 2 価に戻ると同時に・OH ラジカルが生成する（**図 4.2.4**）。

$$Fe^{3+} + H_2O + h\nu \rightarrow Fe^{2+} + \cdot OH + H^+$$
（フォトフェントン反応）

この循環反応を利用して、・OH ラジカルを効率良く生成し、水溶液中に溶けている有機物を分解する排水処理技術が注目されている。この非常に強力な酸化分解反応を気相中に含まれる VOC や臭気物質に適用する技術が提案されている（Kawase, Y. et al., *Chemosphere*, 73, 768 (2008)）。臭気物質や VOC を含む排ガスを、フェントン試薬（鉄イオンと過酸化水素）を溶解して pH=3（フェントン反応の最適 pH）に調整した水溶液中に吹き込む。ガス相中の臭気物質は、水溶

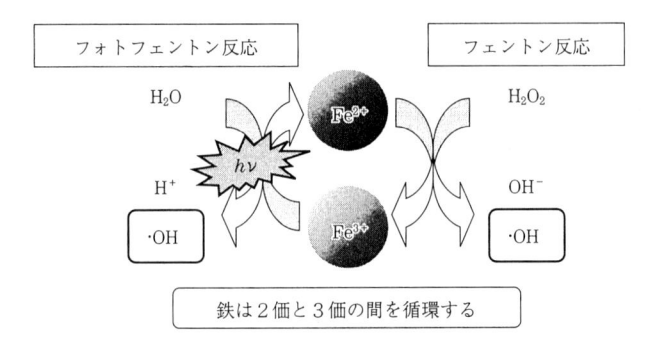

図4.2.4 フォトフェントン反応の原理（模式図）

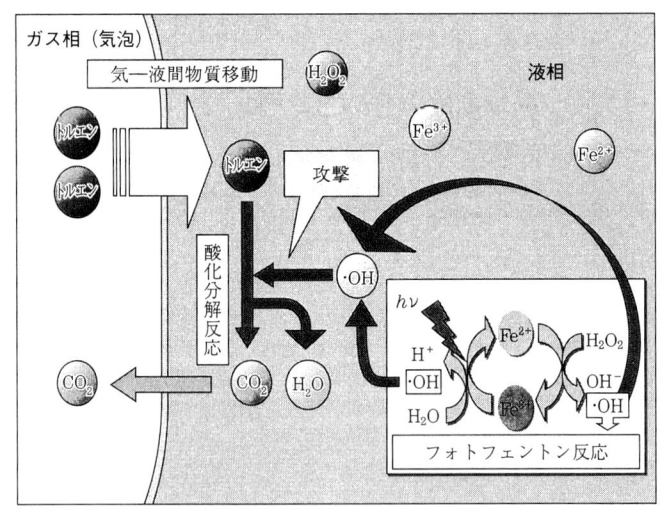

①気泡としてトルエンなどの臭気物質を含む排ガスを吹き込む
②臭気物質が気泡から液相に溶解する
③溶解した臭気物質はフォトフェントン反応で生成したOHラジカルに攻撃されて分解する
④臭気物質は無機化され生成したCO_2は気泡へ放散される

図4.2.5 フォトフェントン反応を利用した排ガス中の臭気物質トルエンの分解

液中に溶解し液相中で・OHラジカルにより酸化分解される。臭気物質は分解されるので，液相濃度が下がり，さらに臭気物質が液相に溶解して脱臭される。このプロセスは，ガス吸収の項で述べた反応吸収であり，排ガス中の臭気物質は液相の分解反応により溶解が促進され，高効率の脱臭が可能になる（**図4.2.5**）。

フォトフェントン反応は液相内で起こる均相反応である。固体である酸化チタンの場合は，臭気物質がまず触媒表面に吸着するプロセスが必要となる気―固反応である。フォトフェントン反応では，吸着プロセスがなく，吸収速度も液相における反応により促進されるので，一般的に分解反応速度は酸化チタンよりもかなり速い。

4.2.3 エレクトロフェントン反応
―過酸化水素を生成しながら脱臭―

フォトフェントン法では，鉄は2価と3価の間を循環するので鉄は供給する

アノード（陽極，鉄電極）での反応
$Fe \rightarrow Fe^{2+} + 2e^-$
電極から2価の鉄イオンが溶出する

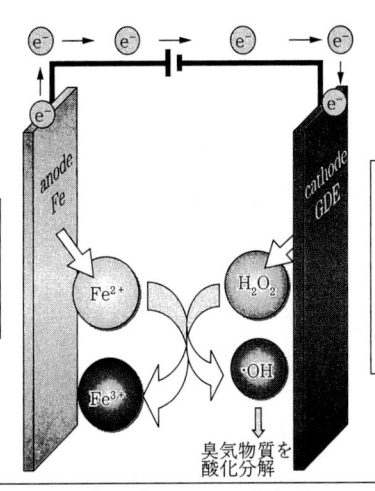

カソード（陰極，ガス拡散電極：グラファイトカーボンや炭素フェルト）での反応
$O_2 + 2H^+ + 2e^- \rightarrow H_2O_2$
酸素（空気を吹き込んで供給する）の還元により過酸化水素が生成する

フェントン反応（・OHラジカルを生成）
$Fe^{2+} + H_2O_2 \rightarrow Fe^{3+} + \cdot OH + OH^-$
Fe（Ⅲ）がH_2O_2によりFe（Ⅱ）に還元される
$2Fe^{3+} + H_2O_2 \rightarrow 2Fe^{2+} + O_2 + 2H^+$

図4.2.6 エレクトロフェントン反応の原理
（光触媒反応ではないが，促進酸化法の一つである）

必要はないが，過酸化水素は供給する必要がある。過酸化水素を製造しながらフェントン反応を起こそうというのがエレクトロフェントン（電解フェントン）法である（**図4.2.6**）。さらに紫外線を照射するのがフォトエレクトロフェントン法である。カソードで過酸化水素を生成させるために酸素を供給する必要がある。空気を吹き込むが，その代わりに臭気物質を含む排ガスを吹き込むことにより，排ガス中の臭気物質が酸素とともに溶解して，液相中のフェントン反応により分解除去される。

4.3　オゾンによる脱臭

　オゾンの強力な酸化力（表4.1.1）により，臭気物質を酸化分解し脱臭する方法である。オゾンの酸化力による臭気物質の分解・無臭化が起こるためにはオゾンと臭気成分分子が衝突しなければ起こらないので，いかに衝突させるかがキーポイントとなる。空気中でオゾン分子と臭気物質の分子同士が衝突する確率は低く，気体のオゾンによる脱臭はおもにマスキング効果によるものという説もある。

　オゾンは，雷の放電や太陽の紫外線などによって生成され，空気中にも微量存在する。工業的には無声放電，電解，紫外線照射等の方法で濃度の高いオゾンを発生させる。**表4.3.1**にオゾン脱臭法が使用されている場所をまとめた。

表4.3.1　オゾン脱臭が使用されている例

使用場所	臭いの種類	おもな臭いの原因物質
病院・福祉施設	トイレ臭・汚物臭・加齢臭・タバコ臭・薬剤臭	アンモニア，硫化水素，アセトン，酢酸
動物病院	動物臭・糞尿臭	アンモニア，硫化水素
ホテル・旅館	タバコ臭・化粧品臭・体臭・かび臭	硫化水素，酢酸
公共／交流施設	タバコ臭・トイレ臭	アンモニア，酢酸
スーパー・銭湯	体臭・タバコ臭・トイレ臭	硫化水素，アンモニア，酢酸
パチンコ店	タバコ臭・トイレ臭	アンモニア，酢酸
ゴミ置き場	腐敗臭	硫化水素，メチルメルカプタン

4.3.1　オゾン脱臭法のメカニズム―直接酸化とOHラジカル―

一般に，オゾンは—SH，=S，—NH$_2$，=NH，—OH，—COH基を持つ化合物と反応しやすい。反応の例をあげると，

硫化水素の場合：H$_2$S ＋ O$_3$ → SO$_2$ ＋ H$_2$O

メチルメルカプタンの場合：CH$_3$SH ＋ O$_3$ → CH$_3$OH ＋ SO$_2$

市販の空気清浄機などにオゾン脱臭法は使われているが，脱臭反応のメカニズムは確かではない（図4.3.1）。使われている触媒についても，活性炭などを担体した触媒のようであるが，詳細は不明である。学術的には，オゾンによる有機物の酸化分解は，オゾンの直接酸化と・OHラジカルによる酸化分解の2

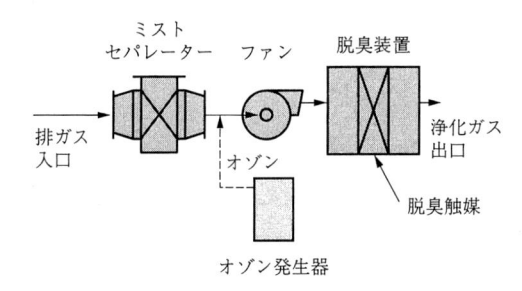

(a)　オゾン脱臭装置システムの例

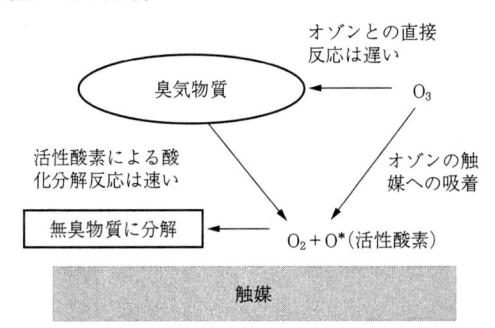

(b)　提案されている脱臭触媒上で起こっている反応
　　（オゾンが分解してできる活性酸素O*とは何なのか？いろいろ言われている説の一つであり，確かなものではない）

図4.3.1　乾式オゾン脱臭装置の構成例とそのメカニズム

つのメカニズムがあると言われている。

4.3.2 オゾン生成法―無声放電―

オゾンの発生方法としては，紫外線式，電気分解式，放電式の3種類が実用化されている。

紫外線式は，酸素を含む気体（通常空気）に紫外線を照射してオゾンを発生させる方法である。オゾンの発生効率および発生量は高くない。

電気分解式は，高分子電解質膜を電極間に挟んで水の電気分解を行うことによりオゾンを発生させる（**図 4.3.2**）。通常の水の電気分解では水素と酸素が発生し，オゾンはほとんど発生しないが，陽極に二酸化鉛（触媒）を用いることにより，陽極側での酸素発生とともに高濃度のオゾンを発生させることができる。無声放電式に比べて消費電力は大きいが，高濃度のオゾンの発生が可能である。

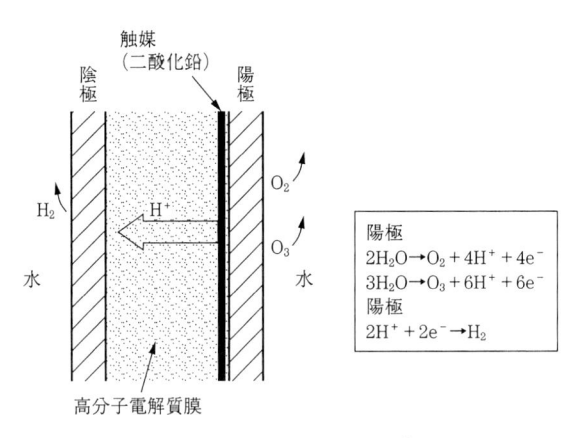

陽極
$2H_2O \rightarrow O_2 + 4H^+ + 4e^-$
$3H_2O \rightarrow O_3 + 6H^+ + 6e^-$
陽極
$2H^+ + 2e^- \rightarrow H_2$

図 4.3.2　電気分解によるオゾン生成

現在工業的に実用化されているものの多くは無声放電式である（**図 4.3.3**）。

沿面放電法のオゾン生成器は，製作が容易であり安価なため，小規模のオゾン生成には幅広く使われている。

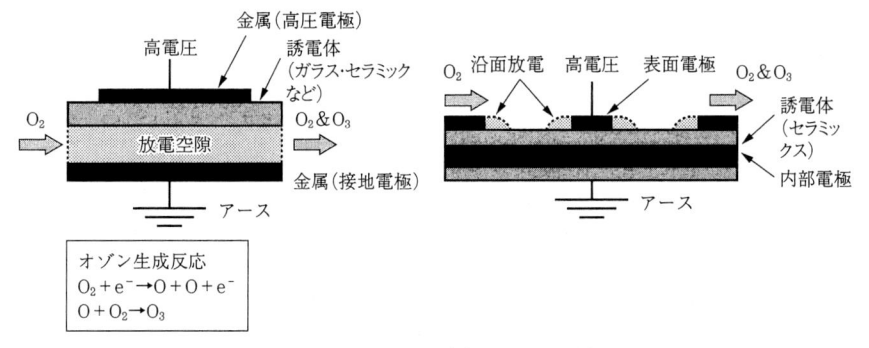

(a) 体積放電法
2つの電極間に誘電体（ガラスやセラミックなど）を介して，交流高電圧（数kV～20kV程度）をかけたときに起こる放電現象を利用した方法。無声放電部（1mm程度）に酸素（または空気）を流すことにより，オゾンを発生させる。電極間に誘電体を入れることで，電極間に多量の電流が流れないため，強烈な閃光や大きな轟音が起こらないので，無声放電と呼ばれる

(b) 沿面放電法
平面状の電極を絶縁体で覆い，その絶縁体の表面に電極を設置する。この電極間に高電圧をかけて絶縁体表面に放電を起こさせてオゾンを発生させる

オゾン生成反応
$O_2 + e^- \rightarrow O + O + e^-$
$O + O_2 \rightarrow O_3$

図4.3.3　無声放電式オゾン発生

4.3.3　排オゾン処理—オゾンの後始末—

　オゾンはもともと自然界に存在しているもので，都市部で約 0.005 ppm，山や海岸では約 0.05 ppm 程度空気中に含まれているが，濃度が高いと人体には害になる。日本産業衛生学会では，0.1 ppm を労働環境における許容濃度と規定している。0.1 ppm では，明らかな臭気があり鼻や喉に刺激を感じる。オゾン濃度が 1 ppm 以上の場所に 2 時間いると，頭痛，胸部痛など異常をきたす。それゆえ，屋内で使用する空気清浄機で高濃度のオゾンが使用されている場合には，残存オゾンは分解して酸素にしてから放出しなければならない。未反応のオゾンの分解処理法には，熱分解法，活性炭による分解，触媒法（二酸化マンガン）などがある。

4.3.4 湿式オゾン脱臭―オゾンと臭気成分の両方を水に溶解させて分解する―

上述のオゾン脱臭法は，気相オゾンによる脱臭法である。これに対して，オゾンを溶解した水を用いる湿式オゾン脱臭法もある（**図4.3.4**）。排ガスとオゾン溶解水を充填床で接触させることにより，臭気物質を液相に吸収させ，液相において溶存オゾンで分解する方法である（図4.3.4(a)）。液相反応による脱臭原理は，化学吸収の酸化剤洗浄と同じである。

図4.3.4(b)の気泡塔の場合，無声放電式オゾン発生に使われる酸素または空気の代わりに排ガスを使用し，生成したオゾンと臭気成分を含んだガスを気泡塔に吹き込む方法も，工業規模での脱臭には考えられる。溶存オゾンによる臭気物質の分解反応には，オゾンによる直接酸化と・OHラジカルによる酸化分解の2つの経路がある。pH<7（酸性）では直接酸化が主で，pH>7（アルカリ性）では・OHラジカルによる酸化分解が支配的であると言われている。それゆえ，pH>7でのオゾン脱臭の方が分解速度は速い。

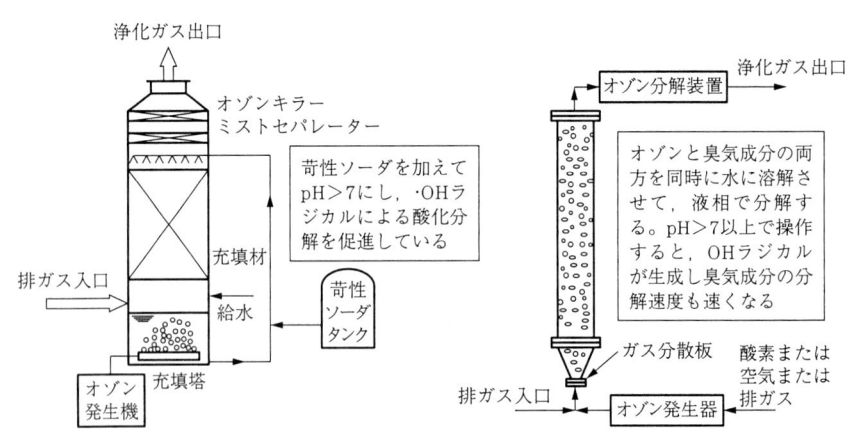

(檜山和成,「実例にみる脱臭技術」, 工業調査会 (2003))

(a) 溶存オゾン水スクラバー　　　(b) オゾン脱臭気泡塔

図4.3.4　湿式オゾン脱臭法

4.4 プラズマによる脱臭

4.4.1 活性分子などで脱臭―活性分子で高効率―

プラズマ脱臭法は，放電によりプラズマを発生させ，プラズマから生成する活性分子，オゾン，ラジカルなどを同時に臭気物質に作用させて，酸化分解により脱臭する方法である。市販の冷蔵庫やエアコンの脱臭にもプラズマ脱臭法は使われている。

臭気ガスの濃度変化に応じて放電電力を変化させることができ，安定した高い除去効率が得られる。特に，下水臭気の主成分であるイオウ系臭気物質に対して，高い脱臭効果が得られると言われている。非常に少ない放電消費電力で高い脱臭効果が得られ，軽量でコンパクトな装置であることもこの脱臭法の利点である。

4.4.2 プラズマ状態―コールドプラズマ法―

プラズマは，正の電荷をもつ粒子と負の電荷をもつ電子が電離状態で同程度存在し，全体としてほぼ電気的中性を保つ粒子集団のことである。プラズマ状態は，物質の三態である固体，液体，気体に加えて，第4の物質状態であると言われている（**図4.4.1**）。

気体にエネルギーを加えて，気体中の分子を原子に解離し，原子をさらにイオンと電子に電離することによってプラズマを作ることができる。プラズマは温度と密度によって性質が大きく異なるが，工業的には熱プラズマ（プラズマ

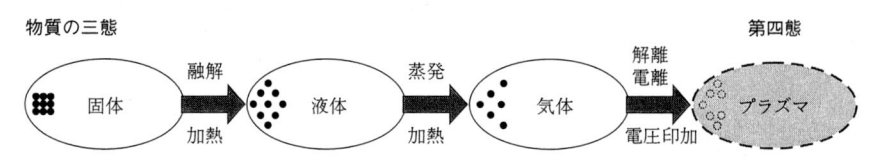

図4.4.1 プラズマ状態
（荷電粒子と中性粒子とにより構成され，集団的ふるまいをする）

表 4.4.1 プラズマ脱臭法の特徴

- 低濃度ガスに対応できる
- 触媒のような共存成分による反応阻害が少ないので，プラズマ反応器に入る気体の前処理がほとんど必要ない
- 装置の起動・停止が電源のオン・オフで容易にできる
- 装置をコンパクト化できる

表 4.4.2 プラズマ脱臭法の適用業種

適用業種
食品製造工場
飼料製造工場
排水処理施設
ごみピット
コンポスト化施設
ゴム製造工場
アスファルト製造工場
アミノ酸製造工場　　　　　など

を構成する粒子すべての温度が高い状態）と低温プラズマ（電子の温度のみが高い）が用いられている。常温・常圧でプラズマを発生させることができる非平衡低温プラズマ方式が注目されている。

ラジカル，活性分子，オゾン等によって臭気成分を分解する方法であるプラズマ脱臭法の特徴は，**表 4.4.1** に示すとおりである。

表 4.4.2 にはプラズマ脱臭法の適用業種がまとめられている。

4.4.3　プラズマ脱臭法の原理—ラジカル・活性分子—

プラズマ中の高速電子により生成する可能性のある活性酸素種としては，O^{2+}，O^+，O ラジカル，O^-，O^{2-} がある。水蒸気がある場合は，・OH ラジカル，O_3 なども生成する可能性がある。臭気物質をおもに分解するのは，O ラジカルと考えられている。・OH ラジカルは酸化力が強いが生成量が少なく，オゾンは生成速度が遅いために脱臭の初期段階での寄与は小さいようである。**図 4.4.2** にプラズマ脱臭装置と脱臭原理の模式図を示した。ミストセパレーターで水滴を除去し，調湿ヒーターで相対湿度を下げる。次に，高圧放電部で高圧放電をかける。気相反応部および触媒部において脱臭処理が行われるが，使用されている触媒の詳細は公表されていない。

第4章◆脱臭技術の今後

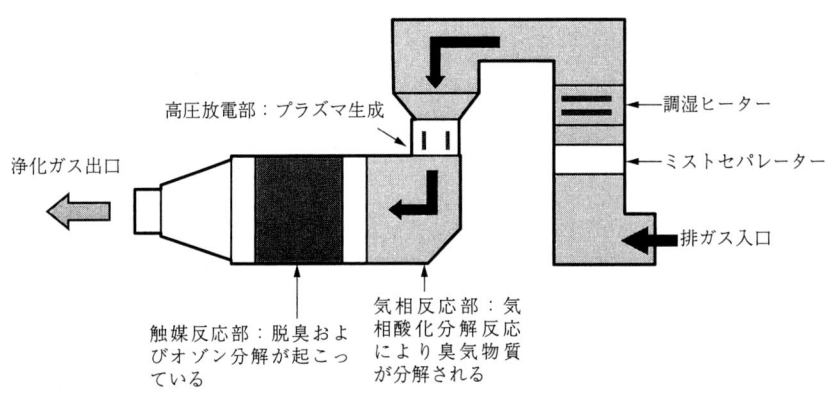

(a) プラズマ脱臭プロセスのフロー

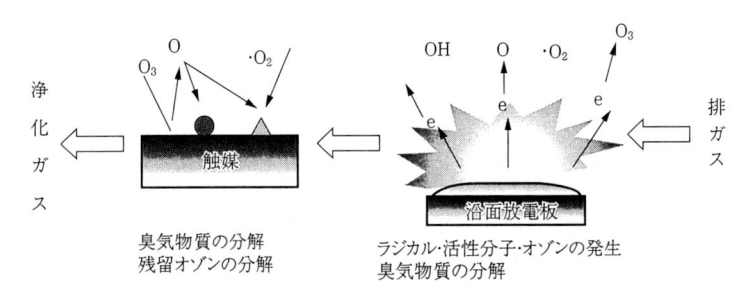

(b) プラズマ脱臭のメカニズム（活性分子の実体は明らかではない）

図4.4.2　プラズマ脱臭の原理

4.4.4　プラズマ発生法—放電で低温プラズマを発生させる—

　通常，低温プラズマを発生させるには，減圧下で放電させる方法が使われる。しかし，脱臭処理には，常温，常圧，空気下でプラズマを発生させる必要がある。非平衡プラズマ法の中でも空気中で放電可能な方式は限られている。プラズマ反応器の型や放電方式の違いにより，沿面放電，バリア放電，パックトベッド式放電，パルス放電，キャピラリーチューブ式放電などが知られている。**表4.4.3**に発生法の特徴をまとめた。**図4.4.3**にはプラズマ発生法の沿面放電とパックトベッド式放電を示した。

低温プラズマ法は，低濃度（50 ppm 程度）の臭気物質やVOCに対して，直接燃焼法，触媒燃焼法，吸着法よりもコストを低く抑えられるという試算も出されている。今後期待される脱臭技術の一つである。さらなる技術改良のためには，どの活性分子が臭気物質の分解反応を支配しているのかなど，脱臭メカニズムの解明が必須である。

表4.4.3　プラズマ発生法の特徴

放電方式	電源	初期費用	電力効率	容量
沿面放電	交流	低い	中	小〜大
バリア放電	交流	低い	中	小
パックトベッド式放電	交流	中	中	小〜中
パルス放電	直流パルス	中〜高い	良	小〜大
キャピラリーチューブ式放電	交流	低い	中	小

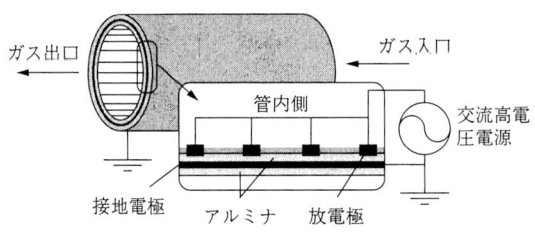

(a)　沿面放電（4.3のオゾン生成にも使われている。管壁近傍のみにプラズマが発生する）

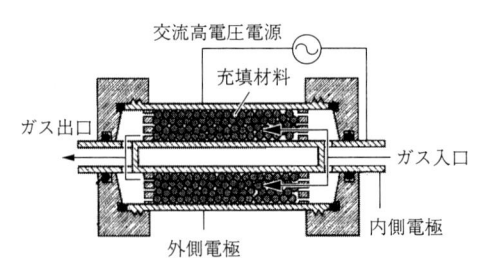

(b)　パックトベッド式放電（充填物間の空隙全体にプラズマが発生する）

（尾形　敦, NIRE ニュース, No. 5, 5(1999) より）

図4.4.3　プラズマ生成法

4.5 膜および膜バイオリアクターによる脱臭

4.5.1 膜分離による脱臭―孔のない緻密膜で分離―

水処理に使われていた膜分離操作が，最近排ガスに含まれている臭気物質やVOCsの除去に使われている。汚染物質の濃度が比較的高い（>10,000 ppm$_v$）ケースに適していると言われている。**表4.5.1**に膜分離に使用される膜の種類がまとめられている。

ガスを透過させる脱臭操作の場合，臭気物質は透過するが空気は透過しない膜を用いる。緻密膜である高分子膜がよく用いられる。

表4.5.1 膜の種類

膜	膜の特徴	膜の種類
緻密膜	・1 nm以下の孔径のため観察できる範囲では孔がないとみなされる膜である ・臭気物質の膜内の移動メカニズムは，膜に溶解しそして拡散して移動する ・選択性に富んでいる	・シリコンゴム（PDMS：ポリジメチルシロキサン） ・ラテックス ・ポリプロピレン ・ポリエチレン
多孔質膜	・孔の存在が確認できる多孔質の膜である ・孔径はサブミクロンである ・疎水性である ・物質移動抵抗は緻密膜の1/10程度である ・空隙率は30~85% ・微生物による目詰まりが起こりやすい	・アモルファスシリカ膜 ・セラミック多孔質膜 ・微多孔質ポリテトラフルオロエチレン膜
複合膜	・化学的または構造的に異なる表面層を表面に二次的に形成した膜 ・多孔質の担体を緻密薄膜で覆ったもので，この場合緻密膜が非常に薄くてすむ	・支持体の多孔質PAN（ポリアクリロニトリル）に緻密膜PDMSをコートした複合膜 ・PSF（ポリスルホン）にPDMSをコートした複合膜
液あるいは担体媒介膜	マトリックス中に液相を分散した膜	・ジグリコールアミン液体膜 ・トリエチレングリコール液体膜

4.5.2 膜分離の原理—溶解・拡散説—

多数の孔径が数 nm〜10 μm 程度の貫通孔を持つ膜が多孔質膜である。孔径より小さい粒子，分子，イオンは膜により阻止されずに透過でき，一方孔径より大きなものは膜透過できないため，多孔質膜による分離が行われる（**図 4.5.2**(a)）。ガス分離に広く使われる高分子膜（緻密膜）の気体透過は，溶解・拡散のメカニズムで説明されている。臭気物質は膜を構成する分子の間隙に溶解し，つぎに膜内を拡散して透過する（図 4.5.2(b)）。膜に対する親和性（分配係数，溶解度係数）の違いと膜内の拡散性（拡散係数）の違いによって分離が行われる。

図 4.5.3 に膜リアクターを用いた脱臭プロセスのフローを示した。処理する排ガスは，ブロワーによる送風かコンプレッサーで圧縮することにより膜ユニットに供給される。膜には，臭気物質などは透過するが空気は透過しない膜を使用する。ただし，臭気成分のみを通して，完全に空気を通さない膜は実在しない。気体分離膜の構造は，多孔質層に保持した非常に薄い高分子膜からなる。膜の材質としては，ゴム，PVC，ネオプレーン，シリコンポリカーボネートなどが使われる。

4.5.3 膜リアクター—モジュールでコンパクト化—

面積の大きな膜をコンパクトに収めるためにモジュールが使われる。代表的なモジュールである平膜型モジュール，中空糸膜モジュールとスパイラル膜モジュールを**図 4.5.4** に示した。

4.5.4 膜バイオリアクターによる脱臭
   —膜分離と生物脱臭のハイブリッド—

膜分離と生物脱臭のハイブリッドである膜バイオリアクターは，新しい脱臭技術の一つである。現在のところ，実プラントは稼働していないようであるが，注目されている脱臭技術である。第3章で説明したバイオフィルターなどでは，汚染物質を含む気体は微生物が固定化あるいは懸濁されている相と直接接触し

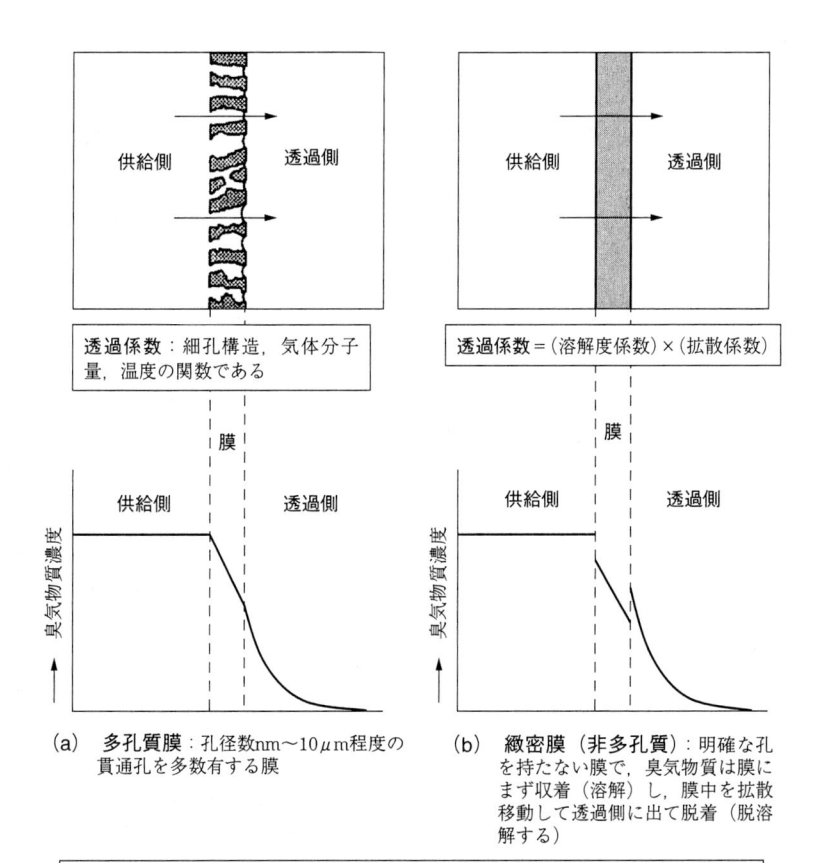

(a) **多孔質膜**：孔径数nm〜10μm程度の貫通孔を多数有する膜

透過係数：細孔構造，気体分子量，温度の関数である

(b) **緻密膜（非多孔質）**：明確な孔を持たない膜で，臭気物質は膜にまず収着（溶解）し，膜中を拡散移動して透過側に出て脱着（脱溶解する）

透過係数＝（溶解度係数）×（拡散係数）

透過量は膜厚さに反比例，圧力差に比例する。透過係数は透過しやすさを表わす係数である。多孔質膜の透過係数は，高分子非多孔質膜の透過係数よりも2〜4桁程度大きい

図4.5.2 膜透過のモデル：多孔質膜と緻密膜の違い

(a) ブロワーで膜分離ユニットに送風する場合（真空ポンプで減圧にして引く）

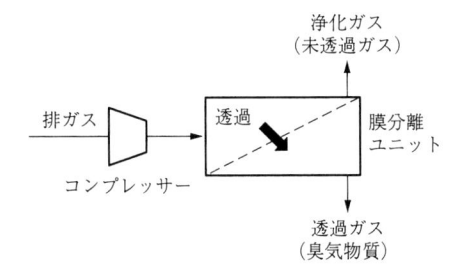

(b) コンプレッサーで圧縮して排ガスを膜分離ユニットに供給する場合（加圧して送風する）

(Wang, L. K. et al., "Air Pollution Control Engineering", Humana Press(2004) などから作成)

図 4.5.3　膜リアクターを用いた脱臭プロセス

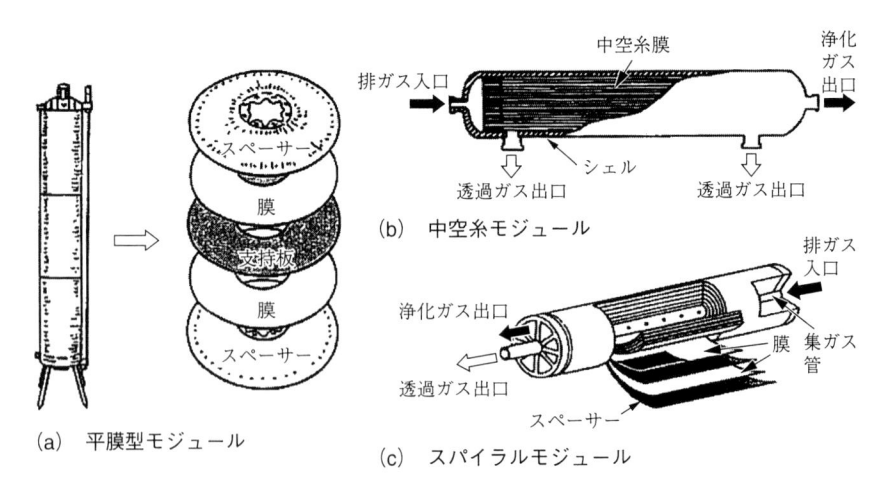

(a) 平膜型モジュール

(b) 中空糸モジュール

(c) スパイラルモジュール

図 4.5.4　膜モジュールの種類

ているが，膜バイオリアクターでは排ガスと微生物は膜で分けられており，直接接触していない。**表4.5.2**に膜バイオリアクターによる脱臭処理の長所と短所をまとめた。

図4.5.5に膜バイオリアクターのフローを示した。膜バイオリアクターおよび臭気物質の膜透過の模式図を**図4.5.6**に示した。中空糸膜バイオリアクターでは，排ガスは中空糸の内側に供給される。臭気物質はチューブの内側からシ

表4.5.2　膜バイオリアクターによる脱臭処理の長所と短所

長　　所	短　　所
・水相があるので，最適な生物膜の水分量，代謝産物の除去，酸性化による不活性化の回避が容易である ・栄養源，緩衝液，共代謝の基質の供給が容易である ・ガス流速と液流速を独立に制御できる ・トルエンなどの場合，95％以上の除去効率が得られる ・膜の材質により排ガス中の特定成分を選択的に除去あるいは残留させることができる	・実用化が進んでいない ・水に対する可溶性が低いと除去効率は低い ・建設費が非常に高い ・余剰菌体の処理が問題である ・時間経過にともないバイオフィルムが厚くなり除去効率が低下する

(Burgess, J. E. et al., *Biotechnol. Advances,* 19, 35 (2001) より)

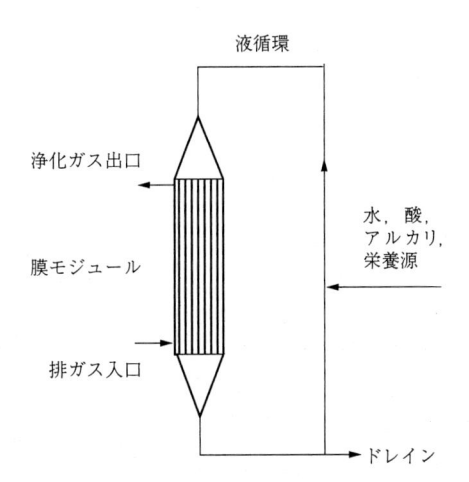

(Rehm, H. -J. et al. Ed., "Biotechnology" Vol. 11 c, VCH (2000) より)

図4.5.5　膜バイオリアクター（生物膜が膜に固定化されている）のフロー

液出口

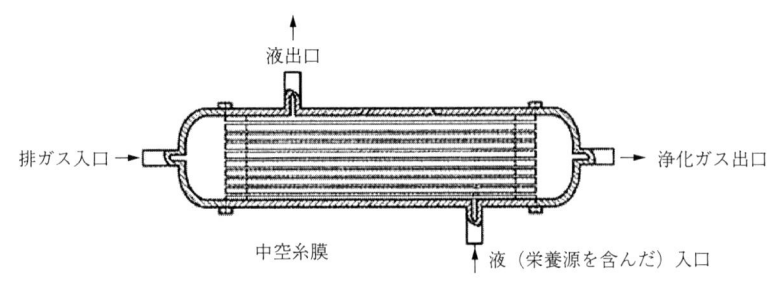

排ガス入口 → → 浄化ガス出口

中空糸膜　　　　液（栄養源を含んだ）入口

(a) 中空糸膜バイオリアクター

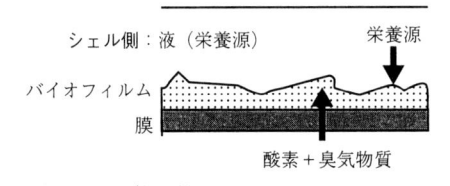

シェル側：液（栄養源）　　栄養源　　　　シェル側：液（懸濁微生物と栄養源）

バイオフィルム
膜
　　　　酸素＋臭気物質　　　　　　　　　　　　　酸素＋臭気物質
チューブ側：排ガス　　　　　　　　　　　　　　　チューブ側：排ガス

① バイオフィルムが膜のシェル側に付着している場合

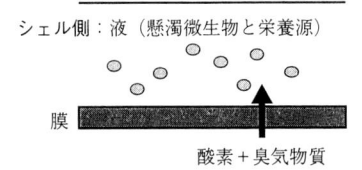

② バイオフィルムが膜に付着していない場合（微生物は水溶液中に懸濁しており、液とともにリサイクルされる）

(b) 臭気物質の膜透過と生分解

図4.5.6　膜バイオリアクターと臭気物質の透過

ガス相（チューブ側）　　　　　　液相（シェル側）

臭気物質の濃度分布

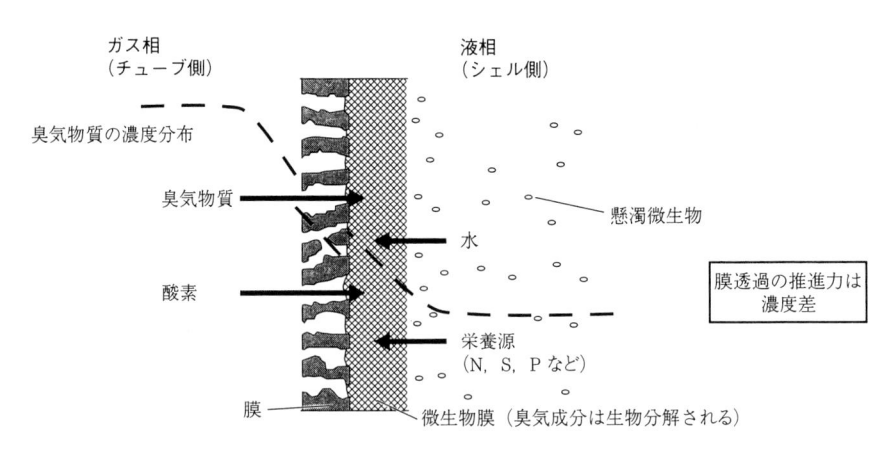

臭気物質

酸素

水

懸濁微生物

膜透過の推進力は濃度差

栄養源（N, S, Pなど）

膜　　微生物膜（臭気成分は生物分解される）

図4.5.7　膜バイオリアクターにおける膜透過の原理（多孔質膜を使用している場合）

ェル側に透過し，シェル側で微生物により取り込まれて分解される。図4.5.7は膜バイオリアクターにおける臭気物質の膜透過の模式図である。生物膜における生物脱臭のメカニズムは図3.6.2に示したバイオフィルターのメカニズムと同じである。

表4.5.3には，膜バイオリアクターと3.6章で説明した従来のバイオフィルターとの比較がまとめられている。

表4.5.3 膜バイオリアクターと従来のバイオフィルターの比較

項　目	従来のバイオフィルター	膜バイオフィルター
目詰まりと圧力損失	深刻な問題である	ガス側の目詰まりはなく，圧力損失も適度である
チャンネリング（偏流），フラッディング（溢流），フォーミング（泡沫）	操作によっては重大な問題となる	起こらない
物質移動	ガス側からバイオフィルムへの直接の物質移動	膜と液相側に大きな物質移動抵抗がある
水への溶解度が小さい物質	溶解し難いため除去し難い	除去は可能である
栄養源の制御	制御しにくい	液相と気相が分離されているので容易である
水分量の制御	ガス相の加湿が必要である	たいして問題にならない。膜のガス側に凝縮が起こる場合もある
急激な負荷の変化に対する応答	栄養源に関係して応答は良くない	良くない
最大の汚染物質負荷	$50～300$ gm^{-3}h^{-1} $50～2,000$ ppm$_v$	膜流束制限があるが非常に高い負荷も処理可能である
酸性の副生成物	pHを低下させ微生物を死滅することもある	液相のpH制御は容易である
温度（高い方の限界）	80℃が限界	外部ラジエーターループを付ければガスの温度は150℃でも可能
操作	加湿が必要である。3～5年でフィルターを入れ替える	栄養源の溶液を定期的に加える
資本コスト	低い	高い
実績（フルスケールプラント）	多くある	いまのところない

(Shareefdeen, Z. and Singh, A. ed. "Biotechnology for Odor and Air Pollution Control" Springer (2008))

参 考 文 献

1) 伊藤泰郎ほか,「ラジカル反応・活性種・プラズマによる脱臭・空気洗浄技術とマイナス空気イオンの生体への影響と応用」, エヌ・ティー・エス (2002)
2) 川瀬義矩,「環境問題を解く化学工学」, 化学工業社 (2001)
3) 澤田繁樹,「現場で役立つ膜ろ過技術」, 工業調査会 (2006)
4) 中山繁樹ほか,「OHラジカル類の生成と応用技術」, エヌ・ティー・エス (2008)
5) 橋本和仁, 藤嶋 昭,「図解 光触媒のすべて」, 工業調査会 (2003)
6) 檜山和成,「実例にみる脱臭技術」, 工業調査会 (2003)
7) Beltran, F. J., "Ozone Reaction Kinetics for Water and Wastewater Systems", Lewis Pub. (2004)
8) Devinny, J. S., Deshusses, M. A. and Webster, T. S., "Biofiltration for Air Pollution Control", Lewis Pub. (1999)
9) Dorioli, E. and Giorno, L. (Ed.), "Membrane Operations", Wiley–VCH (2009)
10) Kennes, C. and Veiga, M. C. (Ed.), "Bioreactors for Waste Gas Treatment", Kluwer Academic Pub. (2001)
11) Lens, P. N. L., Kennes, C., Le Cloirec, P. and Deshusses, M. A. (Ed.), "Waste Gas Treatment for Resource Recovery", IWA Pub. (2006)
12) Oppenlander, T., "Photochemical Purification of Water and Air", Wiley–VCH (2003)
13) Shareefdeen, Z. and Singh, A. (Ed.), "Biotechnology for Odor and Air Pollution Control", Springer (2008)

第5章
脱臭技術の選定

本章では，脱臭技術の選定方法を解説する。脱臭効率が高く，省エネでグリーンな最適の脱臭技術の選定には，選定の手順および基準となる項目を知る必要がある。

第3章と第4章で述べた脱臭技術を理解して，最適の脱臭技術の選定を目指すことになる。選定は技術的な問題のほかに，コストはもちろん，環境に対する負荷を考えた選定でなければならない。なお，表3.1.2に示した脱臭技術の実績は，選定の方向性を検討する際に役立つであろうが，それに縛られる必要はまったくない。

5.1 脱臭技術の選定手順
―最適の脱臭技術は？―

最適な脱臭処理法の選定手順の大筋は，本書の最初に示した「この本の利用方法」のチャートのように，
(1) 臭気物質の特性（物性）を理解する
(2) 操作条件である濃度範囲，処理量，除去効率をクリアーする除去技術をピックアップする
(3) 単一の脱臭法で操作条件を満足できない場合は，複数の脱臭法のハイブリッドを検討する
(4) 環境に優しい技術を優先的に選定する
(5) コスト計算を行い最適な脱臭技術を選定する
である。

5.2 脱臭技術の適用性
―脱臭技術の限界を知る―

5.2.1 臭気成分に適合した脱臭技術
―臭気成分の特性を知る―

上述したように，臭気物質の種類や濃度などにより最適な脱臭操作は異なる。最適な脱臭処理法を選択するために考慮しなければならない臭気物質の性質を，**表5.2.1**にまとめてある。かなり細かい特性ではあるが，運転トラブルを起こ

表 5.2.1 脱臭法を選定する際に必要な脱臭物質の特性

性 質	内 容	コメント	処理法について
相は何か？	・ガスあるいは液体	・ガス相の物性は混合物質に依存しない ・液相の物性は組成により大きく変わる	・相がわかれば設計に必須の物性が決められる
化合物は共有結合あるいは極性をもつ結合を含むか？	・共有結合では電荷は均一であるが極性物質だと電荷の分布を持つ	・炭素と水素だけからできているメタンやベンゼンなどの化合物は共有結合のみである ・アミンなどは極性を持つ ・極性を持つと、液相からガス相に移動させるのにより多くのエネルギーを必要とする ・極性を持つ物質は共有結合のみの物質に比べて揮発し難く、水の溶解度もかなり高い	・水への溶解度が高いほど水溶液中での処理を促進する ・ガス吸収や生物処理の場合、物質はまず水に溶けなければならない
イオン化するか？	・イオン化は急速な反応である ・すべての酸、アルカリ、塩は溶液中でイオンとして存在する	・水は水素イオン H^+ と水酸化物イオン OH^- に解離する ・その平衡状態は pH で表わされる ・錯体イオンの形成も重要である	・イオン化は溶解度を増加させる ・物質が溶液中でイオン化するならば、化学的あるいは生物的スクラバーによる処理は促進され有効である ・非イオン化物質は蒸発する
蒸気圧は？	・ある温度で液と平衡状態なガスの圧力が蒸気圧	・蒸気圧は温度に強く依存する ・一般に、非極性の物質は高い蒸気圧を示す	・凝縮による脱臭処理では蒸気圧の値が重要である
水への溶解度は？	・ヘンリー則などで表わされる水に可溶な量	・溶解度はガスの種類と液と接触しているガスの分圧によって大きく異なる	・溶解度が大きい物質の処理には液スクラバーが適している ・生物的スクラバーの場合も溶解度は重要である
反応性は？	・反応速度で表わされる	・多くの揮発性有機物 VOC は高温で化学的に酸化分解する ・触媒あるいは強力な酸化剤（オゾン、過酸化水素、塩素など）の使用により酸化分解温度を下げることができる ・生物的処理は常温で行われる	・反応性により、物理的、化学的あるいは生物的処理のどれにするかが決まる

(Shareefdeen, Z. et al., "Biotechnology for Odor and Air Pollution Control" Springer (2008) の表などを参考に作成)

さないためにもチェックしておく必要がある。

5.2.2 臭気物質と脱臭技術の適合性
―臭気成分は脱臭技術を選ぶ―

　種々の脱臭技術があり，それぞれ特徴を持っているが，すべての臭気物質に対して適用できるわけではなく，また処理量，臭気成分濃度そしてコストだけで脱臭技術が選定できるわけではない。臭気成分自体の特性によって，適用できない脱臭技術もある。たとえば，生物脱臭によってはなかなか分解できない成分もある。あくまでも処理したい臭気成分に適した脱臭技術を選定しなければならない。表5.2.2には，法定22悪臭物質（第2章参照）の脱臭に適用可能な技術と不適な技術がまとめられている。ただし，代表的な脱臭技術のみに対しての適合性である。

5.2.3　脱臭技術の適用範囲―操作条件と脱臭技術―

　臭気物質の濃度と処理する排ガス流量（風量と一般的に言われている）により，適した脱臭技術が異なる。図5.2.1は，臭気物質の濃度と排ガス流量によってどの脱臭技術が適しているかを大まかに見るマップである。このマップを用いて，適用する技術を選定する第1段階として，大まかに適用可能な脱臭技術を選択することができる。

　図5.2.2は汚染物質濃度と除去効率の関係を示したものである。除去効率の観点からの脱臭技術の選定に役立つグラフである。燃焼法では，広い臭気物質の濃度範囲で高い除去（分解）効率（＝100×(入口濃度－出口濃度)/入口濃度）が得られる。燃焼法は，処理量が大きくまた除去効率は非常に高いので脱臭技術としてはベストのように思えるが，これらの図では出てこない熱効率，そしてコストを考えると，どのケースにおいてもベストというわけではない。臭気物質濃度による脱臭技術の選定フローチャートを作成すると，図5.2.3のようになる。

　表5.2.3には，各脱臭技術について濃度（爆発限界を含む）と処理能力のほかに重要な操作条件である水分含有量と温度がまとめられている。燃焼法以外

表5.2.2 法定22悪臭物質の脱臭に適用される技術

物　　質	燃焼	吸収	吸着	バイオフィルター	オゾン・プラズマ	消臭・脱臭剤
アンモニア	○	○	○	○	○	○
メチルメルカプタン	○	○	○	○	○	○
硫化水素	○	○	○	○	○	○
硫化メチル	○	○	○	○	○	○
二硫化メチル	○	○	○	○	○	○
トリメチルアミン	○	○	○	○	○	○
アセトアルデヒド	○	○	○	○	○	○
プロピオンアルデヒド	○	×	○	○	△	×
ノルマルブチルアルデヒド	○	×	○	○	△	×
イソブチルアルデヒド	○	×	○	○	△	×
ノルマルバレルアルデヒド	○	×	○	○	△	×
イソバレルアルデヒド	○	×	○	○	△	×
イソブタノール	○	×	○	○	△	×
酢酸エチル	○	×	○	○	△	×
メチルイソブチルケトン	○	×	○	△	△	×
トルエン	○	×	○	△	△	×
スチレン	○	×	○	△	△	×
キシレン	○	×	○	△	△	×
プロピオン酸	○	○	○	○	○	○
ノルマル酪酸	○	○	○	○	○	○
ノルマル吉草酸	○	○	○	○	○	○
イソ吉草酸	○	○	○	○	○	○

(○：処理可能，△：時間をかければ処理可能，×：処理不可)

(檜山和成，「実例にみる脱臭技術」，工業調査会 (2003) より)

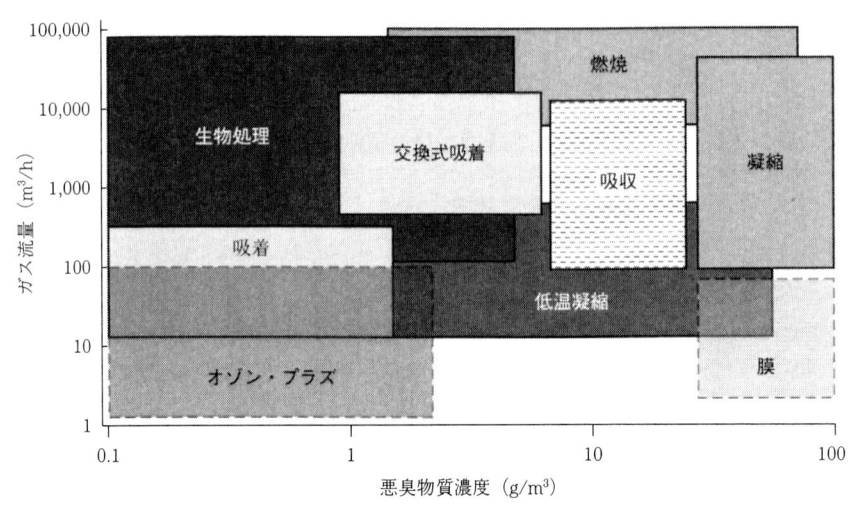

(Van Groenestijin, J. W. and Hesselink, P. G., *Biodegradation*, 4, 283(1993), Munoz, R. et al., *Biotechnology advances*, 25, 410 (2007) などより作成)

図 5.2.1　脱臭技術の適用領域マップ

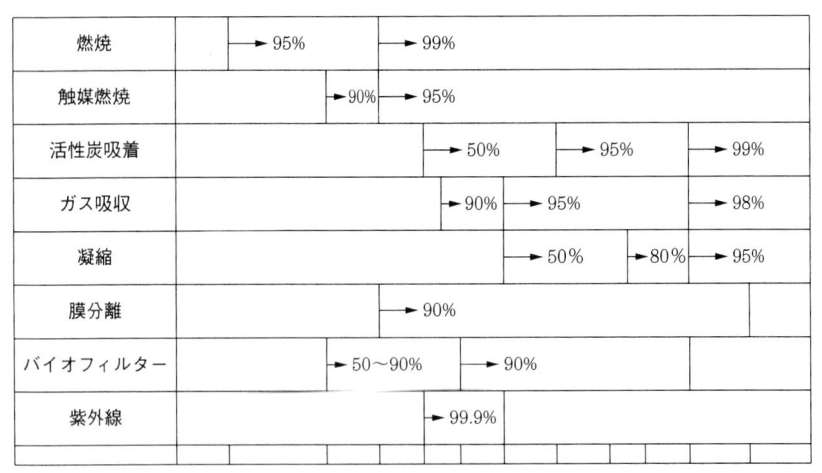

燃焼		→ 95%		→ 99%					
触媒燃焼			→ 90%	→ 95%					
活性炭吸着					→ 50%		→ 95%		→ 99%
ガス吸収					→ 90%	→ 95%		→ 98%	
凝縮						→ 50%	→ 80%	→ 95%	
膜分離				→ 90%					
バイオフィルター		→ 50〜90%		→ 90%					
紫外線				→ 99.9%					
	20	50	100	200 300 500	1,000	2,000 3,000 5,000	10,000	20,000	

汚染物質の濃度（対数目盛）

(Wang, L. K. et al., "Air Pollution Control Engineering", Humana Press (2004), McInnes, R. et al., *Chem. Eng.*, 97, No. 9, 108 (1990) などより作成)

図 5.2.2　汚染物質濃度と除去効率の関係（図中のパーセントは除去効率）

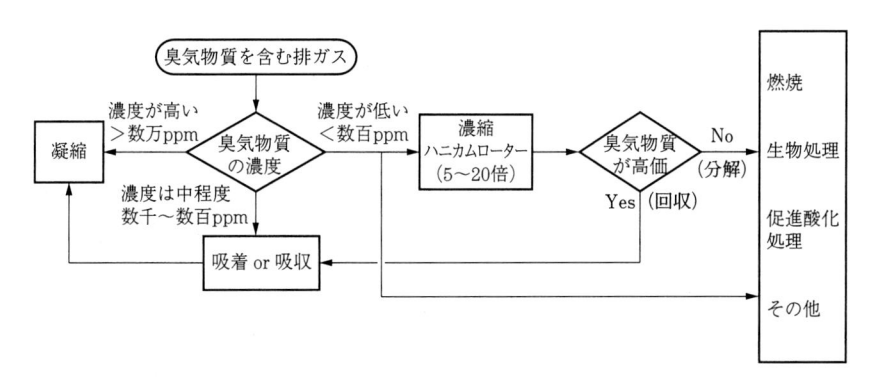

図5.2.3　臭気物質濃度による脱臭技術の選定フローチャート

表5.2.3　各脱臭技術の運転範囲

脱臭技術	濃度	水分含有量	処理能力(m^3/min)	温度（℃）
燃焼	>20 ppm <25% LEL	通常，10〜40%	28〜14,000	>370
触媒燃焼	100〜1,000 ppm <25% LEL	通常，10〜40%	28〜280	>150
バイオフィルター	<5,000 ppm	>90%	<40	10〜40
凝縮	5,000〜10,000 ppm	20〜80%	2.8〜570	周囲の温度
吸収	500〜15,000 ppm	通常	57〜2,800	通常
吸着（活性炭）	700〜10,000 ppm <25% LEL	<50%	2.8〜170	<54
吸着（ゼオライト）	1,000〜10,000 ppm <25% LEL	約94〜96%	2.8〜170	周囲の温度
膜分離	≪25% LEL	90〜99%	5.7〜42	周囲の温度

(LEL：爆発下限界)

(Khan, F. I. and Ghoshal, A. K., *J. Loss Preven. Process Ind.* 13, 527 (2000) の表などより作成)

表5.2.4 臭気強度と脱臭法

脱臭装置の種類		臭気強度			臭気の質				
		弱(1~2)	中(3)	強(4~5)	溶剤臭	焦げ臭	畜産動物臭	ごみ下水臭	食品調理臭
燃焼法	直接燃焼装置	△	○	◎	◎	◎	○	△	○
	蓄熱式燃焼装置	○	◎	△	◎	◎	○	△	○
	触媒燃焼装置	△	○	◎	◎	◎	○	△	○
洗浄法	水洗浄式脱臭装置			△	△		△	△	
	酸・アルカリ洗浄式脱臭装置		○	◎			◎	◎	△
	酸化剤洗浄式脱臭装置	△	◎	○			◎	◎	○
吸着法	固定床回収装置(熱スイング)		△	◎	◎				
	固定床回収装置(圧力スイング)			○	○				
	流動式回収装置		△	◎	◎				
	ハニカム式濃縮装置	◎	◎	○	○				△
	活性炭吸着装置	○	◎		△				○
	添着炭吸着装置	○	◎				○	○	
	酸化剤吸着装置	○	◎				○	○	
生物脱臭法	土壌脱臭法	△	○	△			◎	◎	
	腐植質法	△	○	△			◎	◎	
	充填塔法	△	○	△			◎	◎	
	スクラバー法	△	○	△	△	△	◎	◎	
脱臭剤消臭剤	噴霧法	○	△				○	○	○
	混入法	○	△				○	○	○
	散布法	○	△				○	○	○

(◎:実績が多く適用の可能性大, ○:実績は多いが検討が必要, △:適用例はあるが十分な検討が必要)

(岡山県「悪臭規制のあらまし」(2005) より)

の脱臭処理はほぼ常温で行われる。

表5.2.4には，それぞれの脱臭法が適用できる悪臭規制で使われる臭気強度の範囲が示されている。臭気の質との関係も示されている。それぞれの脱臭法について，一般的な臭気性能と経済性から作成された表である。選定の目安になる。

5.2.4　複合臭気の処理─ハイブリッド方式─

低濃度で物性が異なる臭気成分が混合したガスを処理する場合，適した処理法を選択することは難しい。単独の処理法で対応しきれない場合は，2種類以上の処理法を組み合わせたいわゆるハイブリッド方式が適用される（**表5.2.5**）。表中の組み合わせは例であり，ほかの組み合わせも検討すべきである。ハイブリッド方式の方が，融通性が高くコスト的にもメリットがあるケースもある。図5.2.4にハイブリッドの例を示した。

5.2.5　脱臭技術の環境負荷─環境に優しい脱臭技術─

表5.2.6に，脱臭技術の選定において近年考慮しなければならない環境への負荷をまとめた。脱臭処理することにより，燃料や電気を消費することのほかに，排水，廃棄物，二酸化炭素の排出などの二次汚染を引き起こすこともある。燃焼法では，燃料の消費がコスト面以外に資源の面からも大きな問題である。薬液洗浄法では，使用済みの吸収液の排水処理が問題となる。吸着処理の場合

表5.2.5　脱臭技術の組み合わせによるハイブリッド方式の例

複合臭気の濃度	処理方法の組み合わせの例
比較的高濃度	吸収法と吸着法
	吸収法と燃焼法
	凝縮法と吸着法
	膜分離法と凝縮法
比較的低濃度	吸収法と吸着法
	吸着法と燃焼法
	中和法とマスキング法
	吸収法と生物脱臭法
	オゾン法と吸着法

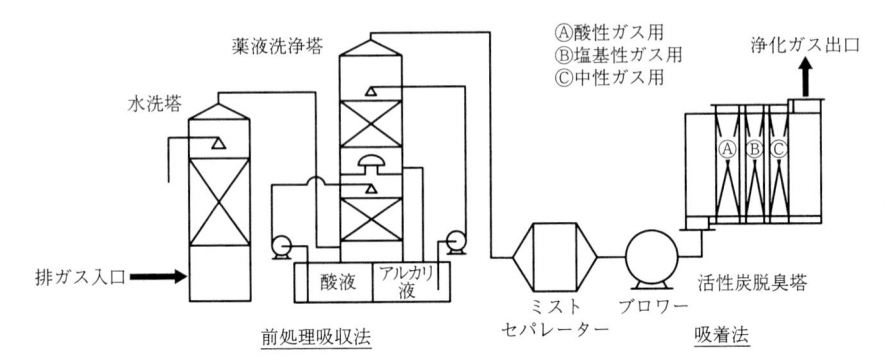

(a) 酸・アルカリ洗浄法と活性炭吸着法のハイブリッド
　　A：苛性ソーダ，炭酸ナトリウムなどを活性炭に添着した酸性ガス用活性炭
　　B：硫酸，リン酸など無機酸を活性炭に添着した塩基ガス用活性炭活
　　C：臭素など強酸化剤を添着した中性ガス用活性炭性炭

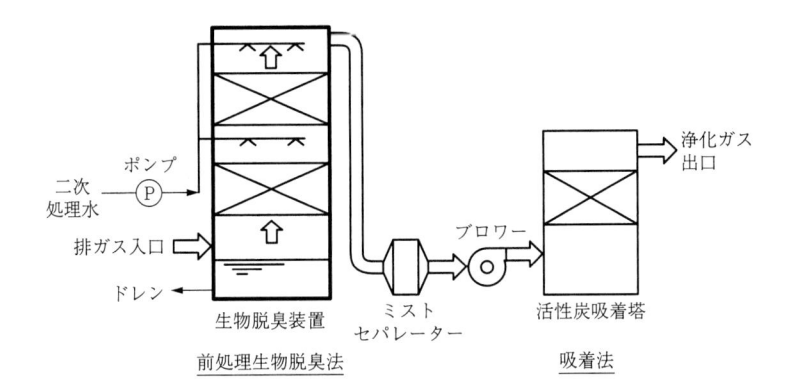

(b) 生物脱臭法とと活性炭吸着法のハイブリッド
　　担体に微生物が保持されたバイオフィルターと固定床活性炭吸着塔の組み合わせ。臭気成分は，細菌類が持っている自然の浄化作用によって，水，炭酸ガス，硫酸，硝酸などに分解され，悪臭が除去される

図5.2.4　ハイブリッド脱臭方式の例

第5章◆脱臭技術の選定

表5.2.6 脱臭技術の環境負荷

脱臭技術		二次汚染			資源消費			温暖化ガス	動力
		排水	廃棄物	排気	燃料	薬品	水および水蒸気	CO_2発生	電気
燃焼法	直接燃焼			○	◎			○	○
	蓄熱燃焼			○	○			○	○
	触媒燃焼			○				○	○
吸収(洗浄)法	水洗浄	○					○		○
	薬液洗浄	◎				◎	○		○
吸着法	回収				○		○		○
	濃縮								○
	交換		○						○
促進酸化法	光触媒								○
	オゾン			○					○
	プラズマ			○					○
土壌脱臭法		○							
バイオフィルター法		○	○			○	○		○
バイオスクラバー法		○	○			○	○		○
活性汚泥バイオリアクター法			○						◎
消臭・脱臭剤法						○	○		○

(◎:環境負荷が大きい，○:環境負荷がある，無印:まったくないか少量を意味する)

(環境省環境管理局大気生活環境室「防脱臭技術の適用に関する手引き」(2003)などから作成)

は，使用済み吸着剤(再生して再利用しても，永久に使用できるわけではない)を処分する必要がある。生物脱臭法では，余剰汚泥が発生する場合の処理法の検討も必要となる。脱臭技術の適用においては，省エネ，省資源そして二次汚染の防止も考慮しなければならない。

5.2.6 脱臭技術のコスト―最適な脱臭技術―

脱臭技術の選定においては，コストは非常に重要な因子である。**表5.2.7**に示した大まかなコストの比較からわかるように，最近注目されている生物処理

表5.2.7 脱臭技術のコストの比較

(a) 総コストの比較

処理技術	コスト ($/m³)
燃焼	1.5～15
触媒処理	1.5～12
化学スクラバー(ガス吸収)	0.6～12
吸着	1.0～6.5
凝縮	0.6～12
バイオフィルター	0.1～3.0
バイオスクラバー	1.5～3.0
オゾン処理	0.5～7.0
膜分離	1.5～5.0

(Noyola, A. et al., *Reviews in Environm. Sci. Bio/Technol.* 5, 93(2006), Khan, F. I. and Ghoshal, A. K., *J. Loss Preven. Process Ind.* 13, 527(2000), Wani, A. H. et al., *J. Environ. Sci. Health,* A 32, 2027 (1997) などの表より作成)

(b) 資本コストと運転コストの比較

処理技術	資本コスト (€/m³hr)	運転コスト (€/1,000 m³)
直接燃焼	16.5～19.5	2.0～2.4
触媒燃焼	19.5～22.5	1.8～2.1
吸収	11.2～14	1.1～1.4
吸着	7～28	0.7～1.4
凝縮	8.4～66	0.35～2.0
バイオフィルター	4.2～13.9	0.4～0.7

(Kennes, C. and Veiga, M. C., "Bioreactors for Waste Gas Treatment", Kluwer Academic Pub. (2001) より作成)

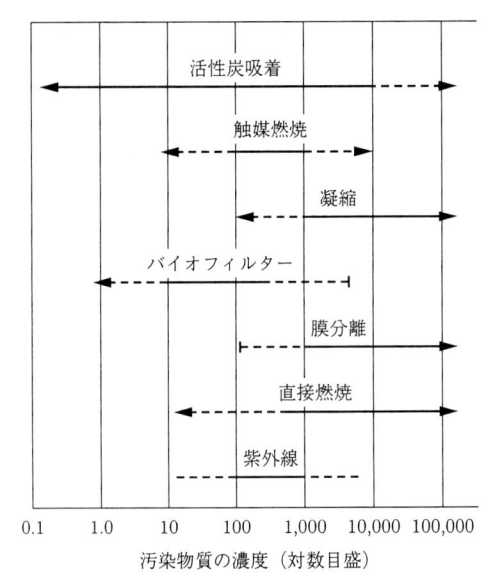

(破線の部分が技術的に適用可能な範囲を，実線の部分がコスト的に適用可能な範囲を表わす)

(Wang, L. K. et al., "Air Pollution Control Engineering", Humana Press (2004) より)

図5.2.5 脱臭技術のコスト的に適用可能な汚染物質濃度範囲

のコストが低いことがわかる。コスト計算は運転条件で大きく変化するので，この表の値はあくまでも目安である。

図 5.2.5 に，EPA がまとめた代表的な脱臭技術についてのコスト的に適用可能な臭気物質濃度範囲が示されている。この図も，大まかではあるが脱臭法の選定の参考になる。

参 考 文 献

1) 石黒辰吉（監），「防脱臭　技術集成」，エヌ・ティー・エス（2002）
2) 檜山和成，「実例にみる脱臭技術」，工業調査会（2003）
3) Cheremisinoff, N. P., "Handbook of Air Pollution Prevention and Control", Butterworth-Heinemann（2002）
4) Devinny, J. S., Deshusses, M. A. and Webster, T. S., "Biofiltration for Air Pollution Control", Lewis Pub.（1999）
5) Kennes, C. and Veiga, M. C.（Ed.）, "Bioreactors for Waste Gas Treatment", Kluwer Academic Pub.（2001）
6) Lens, P. N. L., Kennes, C., Le Cloirec, P. and Deshusses, M. A.（Ed.）, "Waste Gas Treatment for Resource Recovery", IWA Pub.（2006）
7) Schnelle, K. B. and Brown, C. A., "Air Pollution Control Technology Handbook", CRC Press（2002）
8) Shareefdeen, Z. and Singh, A.（Ed.）, "Biotechnology for Odor and Air Pollution Control", Springer（2008）
9) Wang, L. K., Pereira, N. C. and Hung, Y. -T.（Ed）, "Air Pollution Control Engineering", Humana Press（2004）

さくいん

【あ】

悪臭防止法 ……………………………… 15, 22
アセトアルデヒド ……………………… 23
圧力スイング …………………………… 79
アミン類 ………………………………… 26
アルカリ洗浄 …………………………… 62
アルデヒド類 …………………………… 26
アンモニア ……………………………… 23
イオン化 ………………………………… 145
イオン交換ケミカルフィルター ……… 87
イソ吉草酸 ……………………………… 23
イソバレルアルデヒド ………………… 23
イソブタノール ………………………… 23
イソブチルアルデヒド ………………… 23
一時被毒 ………………………………… 54
永久被毒 ………………………………… 54
栄養源 …………………………………… 103
液あるいは担体媒介膜 ………………… 135
液分散型 ………………………………… 64
エステル類 ……………………………… 26
エレクトロフェントン反応 …………… 125
塩基性系統悪臭物質 …………………… 60
沿面放電 ………………………… 129, 134
オゾン …………………………… 34, 126
オゾン生成法 …………………………… 128
温度スイング …………………………… 79

【か】

回収方式 ………………………………… 70
回転円板バイオリアクター …………… 108
開放型バイオフィルター ……………… 100
化学吸収 ……………………… 55, 58, 61
化学吸着 …………………………… 71, 72
拡散 ……………………………………… 114
花香 ……………………………………… 11
果実香 …………………………………… 11
ガス吸収脱臭装置 ……………………… 65
ガス分散型 ……………………………… 64
活性アルミナ …………………………… 73
活性汚泥 ………………………………… 108
活性汚泥バイオリアクター法 …… 35, 153
活性汚泥曝気法 ………………………… 107
活性炭 …………………………… 73, 102
活性分子 ………………………… 131, 132
かび臭 …………………………………… 11
含イオウ化合物 ………………………… 26
環境負荷 ………………………………… 153
乾式オゾン脱臭装置 …………………… 127
含窒素化合物 …………………………… 26
官能基 …………………………… 12, 15
貴金属触媒 ……………………………… 51
希釈・拡散法 …………………………… 35
キシレン ………………………………… 23
気体透過膜 ……………………………… 119
揮発性 …………………………………… 12
嗅細胞 …………………………………… 12
吸収（洗浄）法 ………………… 33, 153
吸収脱臭法 ……………………………… 54
吸着性能指数 …………………………… 70
吸着装置 ………………………………… 84
吸着脱臭法 ……………………………… 69
吸着等温線 ……………………………… 75
吸着破過曲線 …………………………… 78
吸着法 …………………………… 34, 150, 153
凝縮脱臭法 ……………………………… 88
共有結合 ………………………………… 145
極性 ……………………………………… 145
空気清浄機 ……………………… 83, 121
ケトン類 ………………………………… 26
検知閾値 ………………………………… 29
検知閾値濃度 …………………… 15, 17
交換式 …………………………………… 84

交換方式	70
孔径	74
コスト	154
固定床吸着装置	80
固定床式	84
コールドプラズマ法	131
混合機構	43
コンポスト	102

【さ】

サイクロンスクラバー	67
再生方式	85
酸化還元電位	119
酸化チタン	119, 120
酸化分解プロセス	93
酸化法	62
酸性系統悪臭物質	60
酸洗浄	62
散布	114
シェルアンドチューブ型表面凝縮器	90
紫外線	122, 126
湿式オゾン脱臭法	130
湿式酸化法	59
脂肪酸類	26
脂肪族アルコール類	26
臭気強度	14, 19, 27, 28, 29, 150
臭気指数	16, 19
十字流スプレー塔	66
十字流不規則充填塔	65
充填材	68
充填層式バイオフィルター	99
蒸気圧	145
消臭剤	150
消臭・脱臭剤法	33, 35, 111, 153
除去効率	148
触媒酸化燃焼装置	51
触媒担体	51
触媒蓄熱式	47
触媒着火温度	51
触媒毒	54

触媒燃焼	33, 37, 50
助香効果	11
処理能力	149
シリカゲル	73
水酸基	15
水洗法	59
水分含有量	149
水平式蓄熱燃焼法	49
水溶性	23
酢酸エチル	23
スチレン	23
生物脱臭法	33, 92, 94, 150
生分解性	93
洗浄法	150
相	145
促進酸化法	34, 118, 153

【た】

第1号規制基準	25, 27
第3号規制基準	25
体臭	11
体積放電法	129
第2号規制基準	25, 28
太陽光	122
滞留室	43
多孔質膜	135, 136, 137
脱臭効率（RE）	109
脱臭剤	150
脱臭容量（EC）	109
脱着（再生）温度	74
縦型充填塔	65
炭素数	15
段塔	66
蓄熱式燃焼装置	49
蓄熱式燃焼法	37, 46
蓄熱燃焼	33
緻密膜	135, 136, 137
中空糸膜バイオリアクター	140
中性系統悪臭物質	60
中和	114

中和剤	111
中和法	59, 62
直接酸化	127
直接接触凝縮器	90
直接燃焼	33, 37, 40
滴下・溶解	114
添着活性炭	82
透過係数	137
特定悪臭物質	22, 26, 29
土壌	102
土壌脱臭法	35, 96, 153
トリメチルアミン	23
トルエン	23

【な】

二硫化メチル	23
認知閾値	29
認知閾値濃度	15, 17
燃焼室	43
燃焼装置	43
燃焼脱臭法	37
燃焼蓄熱式	47
燃焼熱	45
燃焼反応	39
燃焼法	33, 150, 153
濃縮方式	70
ノルマル吉草酸	23
ノルマルバレルアルデヒド	23
ノルマルブチルアルデヒド	23
ノルマル酪酸	23

【は】

バイオスクラバー	35, 96, 105, 153
排オゾン処理	129
バイオトリックリングフィルター	96
バイオトリックリングベッド	100
バイオフィルター	35, 96, 98, 153
ハイブリッド方式	151
破過時間	79
破過点	79

爆発下限界	45, 149
パックトベッド式放電	134
発香団	11, 13, 14
発色団	13
ハニカム式	84
ハニカムローター	82
パネル脱臭装置	83
パーライト	102
半減期	123
反応性	145
光触媒	34, 119
ピート	102
ヒドロキシラジカル	118
被覆	114
表面接触凝縮器	89
ファンデルワールス力	75
フェントン反応	123
フォトフェントン反応	123
複合臭気	151
複合膜	135
物質移動速度	67
沸点	23
物理・化学的方法	33
物理吸収	55
物理吸着	71, 72
腐敗臭	11
不飽和度	15
プラズマ	34
プラズマ脱臭法	131
フレアスタック	40
フロインドリッヒ式	75
プロピオンアルデヒド	23
プロピオン酸	23
分子量	12
噴霧	114
閉鎖型バイオフィルター	101
ヘンリー定数	57, 96
ヘンリーの法則	56
芳香族炭化水素類	26

【ま】

膜透過 …………………………………… 140
膜バイオリアクター ………… 35, 135, 136
膜分離 ……………………………………… 35
膜モジュール …………………………… 138
膜リアクター …………………………… 135
マスキング剤 …………………………… 111
水洗浄 ……………………………………… 33
無触媒発火温度 ………………………… 51
無声放電 ………………………………… 128
メチルイソブチルケトン ……………… 23
メチルメルカプタン …………………… 23
モレキュラーシーブ …………………… 73

【や】

薬液洗浄 ……………………… 33, 55, 58
野菜香 ……………………………………… 11
優先取組物質 …………………………… 28
融点 ………………………………………… 23

【ら】

溶解・拡散説 …………………………… 136
溶解性 ……………………………………… 12
溶解度 …………………………………… 145
要素3T …………………………………… 45

【ら】

ラングミュア式 ………………………… 75
硫化水素 ………………………………… 23
硫化メチル ……………………………… 23
流動床吸着装置 ………………………… 81
流動床式 ………………………………… 84
冷媒 ………………………………………… 90
ロータリーバルブ式蓄熱燃焼法 …… 49

【英数字】

3 T ………………………………………… 45
6段階臭気強度表示 …………………… 15
BET（Brunauer–Emmett–Teller）式 …… 75
OHラジカル …………………………… 127

【著者紹介】

川瀬　義矩（かわせ　よしのり）

　学位　早稲田大学大学院応用化学専攻博士課程修了　工学博士
　経歴　東京都立大学工学部助手，ニューヨーク州立大学バッファロー校
　　　　化学研究科工学科客員講師，ウォータールー大学（カナダ）生物
　　　　化学技術研究所特別研究員
　現在　東洋大学理工学部応用化学科教授

はじめての脱臭技術

2011年4月10日　第1版1刷発行　　　　ISBN 978-4-501-62650-1 C3058

編　者　川瀬義矩
　　　　Ⓒ Kawase Yoshinori 2011

発行所　学校法人　東京電機大学　　〒101-8457　東京都千代田区神田錦町2-2
　　　　東京電機大学出版局　　　　Tel. 03-5280-3433(営業)　03-5280-3422(編集)
　　　　　　　　　　　　　　　　　Fax. 03-5280-3563　振替口座 00160-5-71715
　　　　　　　　　　　　　　　　　http://www.tdupress.jp/

JCOPY ＜(社)出版者著作権管理機構　委託出版物＞
本書の全部または一部を無断で複写複製（コピーおよび電子化を含む）することは，著作権法上での例外を除いて禁じられています。本書からの複写を希望される場合は，そのつど事前に，(社)出版者著作権管理機構の許諾を得てください。また，本書を代行業者等の第三者に依頼してスキャンやデジタル化をすることはたとえ個人や家庭内での利用であっても，いっさい認められておりません。
［連絡先］Tel. 03-3513-6969, Fax. 03-3513-6979, E-mail：info@jcopy.or.jp

印刷：美研プリンティング(株)　製本：渡辺製本(株)　装丁：鎌田正志
落丁・乱丁本はお取り替えいたします。　　　　　　　Printed in Japan

本書は，(株)工業調査会から刊行されていた第1版1刷をもとに，著者との新たな出版契約により東京電機大学出版局から刊行されたものである。